FAO中文出版计划项目丛书

亚太地区食品安全简易指南

——食品安全工具包入门读物

联合国粮食及农业组织　编著

徐璐铭　黄　波　魏　梁　等　译

中国农业出版社
联合国粮食及农业组织
2023·北京

引用格式要求：

粮农组织。2023。《亚太地区食品安全简易指南——食品安全工具包入门读物》。中国北京，中国农业出版社。https://doi.org/10.4060/cb4138zh

ISBN 978-92-5-138294-3（粮农组织）
ISBN 978-7-109-31203-6（中国农业出版社）

© 粮农组织，2021年（英文版）
© 粮农组织，2023年（中文版）

FAO中文出版计划项目丛书

指 导 委 员 会

主　任　隋鹏飞

副主任　倪洪兴　彭廷军　顾卫兵　童玉娥

　　　　　李　波　苑　荣　刘爱芳

委　员　徐　明　王　静　曹海军　董茉莉

　　　　　郭　粟　傅永东

ABSTRACT ｜摘　要｜

　　食品安全是粮食安全的基本要素。为供应安全的食品，需综合考虑与食品直接接触及其周围的各项要素。当今世界不断发展变化，但是与食品安全相关的各项要素可能依旧处于较为分散、易被忽视、尚不明确的状态。本书通俗易懂地介绍了目前亚洲地区和太平洋沿岸地区（简称"亚太地区"）食品安全领域的诸多话题，既展示了可供读者学习的文件材料，又提出了开放性问题，启发读者思考国家层面应当采取何种措施保障食品安全。本书还是"食品安全工具包"系列的索引指南，该系列收集了食品安全相关话题的书面材料，虽话题较为小众，但值得详细阅读、认真思考。本书内容以非传统便携手册的形式呈现，以便日常同食品安全打交道的读者随时参考。

致 谢 | ACKNOWLEDGEMENTS

联合国粮食及农业组织（FAO，简称"粮农组织"）谨对为本书做出贡献的各位人士表示感谢。

本书的作者是Isabella Apruzzese女士，在Masami Takeuchi女士的协调下，为粮农组织撰写了此书。Shan Chen、Sridhar Dharmapuri、Markus Lipp、Mia Rowan和Matthias Vancoppenolle等多名粮农组织同事提供了技术和编辑方面的支持。Kim Des Rochers负责本书的技术编辑工作。

ACRONYMS 缩略语

AMR	抗生素耐药性
FAO	联合国粮食及农业组织
FSANZ	澳大利亚新西兰食品标准局
GM	转基因
GMO	转基因生物
OIE	世界动物卫生组织
UN	联合国
WGS	全基因组测序
WHO	世界卫生组织

CONTENTS | 目 录 |

摘要 ································· v

致谢 ································· vi

缩略语 ······························ vii

1 前言 ····························· 1

  1.1 亚太地区的食品安全 ·············· 1

  1.2 微生物：食品安全的头号"杀手" ······· 1

  1.3 化学添加剂、残留物和污染物 ········ 2

  1.4 将"非主流"食品安全问题置于聚光灯下 ··· 2

  1.5 亚太地区食品安全简易指南 ········· 2

2 A到Z：亚太地区食品安全问题 ········· 3

  A 过敏症（Allergies） ············· 3

  A 抗生素耐药性（Antimicrobial resistance） ···· 6

  B 生物技术（Biotechnology） ········ 8

  C 犯罪和食品安全（Crimes and food safety） ···· 10

  C 食品安全文化（Culture of food safety） ···· 11

  D 腹泻（Diarrhoea） ············· 13

  E 食品电子商务（E-commerce） ······· 15

  F 虚假新闻（Fake news） ··········· 16

  F 食品欺诈（Food fraud） ·········· 18

F 粮农组织亚太区域办事处（Food and Agriculture Organization of the United Nations，Regional Office for Asia and the Pacific）⋯⋯⋯⋯ 20

G 基因（基因组）编辑（Gene/genome editing）⋯⋯⋯⋯⋯⋯⋯⋯ 23

H 家庭屠宰和后院散养（Home slaughtering and backyard farming）⋯ 25

I 进口食品管控（Imported food controls）⋯⋯⋯⋯⋯⋯⋯⋯ 27

J 果汁摊和食品安全（Juice stands and food safety）⋯⋯⋯⋯⋯ 28

K 知识评估（Knowledge assessment）⋯⋯⋯⋯⋯⋯⋯⋯⋯ 30

L 牲畜和饲料安全（Livestock and feed safety）⋯⋯⋯⋯⋯⋯ 31

M 粮食体系现代化（Modernization of food systems）⋯⋯⋯⋯⋯ 33

N 纳米技术（Nanotechnologies）⋯⋯⋯⋯⋯⋯⋯⋯⋯⋯ 34

O 有机农业与食品安全（Organic Agriculture and food safety）⋯⋯⋯ 36

P 寄生虫（Parasitic diseases）⋯⋯⋯⋯⋯⋯⋯⋯⋯⋯ 37

Q 食品质量与安全（Quality and safety of food）⋯⋯⋯⋯⋯⋯ 41

R 生食消费（Raw food consumption）⋯⋯⋯⋯⋯⋯⋯⋯⋯ 42

S 《食品法典》标准（Standards-Codex Alimentarius）⋯⋯⋯⋯⋯ 43

T 流行食品（Trendy foods）⋯⋯⋯⋯⋯⋯⋯⋯⋯⋯⋯ 45

U 城市粮食体系（Urban food systems）⋯⋯⋯⋯⋯⋯⋯⋯⋯ 46

V 食品中的病毒（Viruses in food）⋯⋯⋯⋯⋯⋯⋯⋯⋯⋯ 47

W 全基因组测序（二代测序）[Whole genome sequencing (next generation sequencing)]⋯⋯⋯⋯⋯⋯⋯⋯⋯ 50

X 食品安全专家（eXperts on food safety）⋯⋯⋯⋯⋯⋯⋯⋯ 52

Y 青年与食品安全（Youth and food safety）⋯⋯⋯⋯⋯⋯⋯⋯ 53

Z 人畜共患病与食品安全（Zoonosis and food safety）⋯⋯⋯⋯⋯ 55

3 总结 ⋯⋯⋯⋯⋯⋯⋯⋯⋯⋯⋯⋯⋯⋯⋯⋯⋯⋯ 57

4 文献资料 ⋯⋯⋯⋯⋯⋯⋯⋯⋯⋯⋯⋯⋯⋯⋯⋯ 59

4.1 粮农组织参考文献 ⋯⋯⋯⋯⋯⋯⋯⋯⋯⋯⋯⋯⋯ 59

4.2 其他参考文献 ⋯⋯⋯⋯⋯⋯⋯⋯⋯⋯⋯⋯⋯⋯ 65

1 前　言

1.1　亚太地区的食品安全

在整个亚太地区，食品安全的相关问题及事件常常占据新闻头条。有关食品污染和食源性疾病的报道常在公众中引起恐慌，并影响当地企业。与此同时，贸易和旅游业也受到不利影响，进而导致了更大范围的经济损失，食品安全问题还对国家形象产生了负面影响。消费者的担忧表明其对食品安全的执行和实施方式缺乏信心，同时印证了有必要对基础设施和技术能力进行更多投资，以确保市场上所有食品的安全性。现在，人们充分认识到，粮食安全、食品安全和食物营养三者密切相关。可持续发展目标的第二项目标为零饥饿，这一目标的实现，不仅限于为每个人提供足够的食物，还要确保所有人都能获得安全营养的饮食。

1.2　微生物：食品安全的头号"杀手"

食品安全问题错综复杂，需要多个不同部门和利益相关者的共同关注。尽管许多人可能主要从化学污染的角度关注该领域，但食品安全的最大问题其实是微生物污染。微生物主要包括病毒、细菌和寄生虫等，这些微生物能够导致食品安全问题，每年可以造成成千上万的人口死亡。根据全球对食源性疾病负担的估计，东南亚地区的食源性疾病负担仅次于非洲地区，每年有超过

1.5亿起病例和17.5万人死亡①。此外，在西太平洋地区每年有约1.25亿人因受污染的食物罹患食源性疾病，其中4 000万人（32%）为5岁以下儿童。在西太平洋地区，每年有约5万人死于食源性疾病，其中7 000人（14%）为5岁以下儿童②。尽管这些数据令人咋舌，但公众对这一风险的认识却出奇的低。鉴于此，粮农组织及其伙伴机构，如国际食品法典委员会（Codex Alimentarius Commission，CAC），时常关注食品微生物污染风险，并为各国有效管理相关风险开发各种材料和工具③。

1.3 化学添加剂、残留物和污染物

潜在的化学风险是继微生物污染风险之后的又一主要风险，且已受到公众关注。国际食品法典委员会下设多个常设委员会，以处理潜在的化学风险，如食品添加剂、化学污染物、农药残留和兽药残留等④。

1.4 将"非主流"食品安全问题置于聚光灯下

"食品安全工具包"系列图书聚焦多个不受关注却又极为重要的食品安全问题，以期引起亚太地区食品安全主管部门技术官员的重视。此外，本系列进一步补充了食品安全领域微生物和化学污染风险的宝贵资料，涉及了多项可能被忽视的问题。这些问题虽然不被普遍视为食品安全问题，但对食品安全却有着重要影响。

1.5 亚太地区食品安全简易指南

作为"食品安全工具包"的第一册，本书题为《亚太地区食品安全简易指南》，介绍了亚太地区食品安全领域的"热点"和"经典"话题，并作为工具包其他内容的索引指南。本指南虽然不尽全面，但可为各个食品安全主题提供切入点。

---

① 获取更多信息，请访问：https://apps.who.int/iris/bitstream/handle/10665/327655/WHO-FOS-15.8-eng.pdf?sequence=1&isAllowed=y/。

② 获取更多信息，请访问：http://mobile.wpro.who.int/mediacentre/releases/2015/20151203/。

③ 请访问粮农组织/世界卫生组织微生物风险评估联合专家会议（JEMRA）的有关资源，了解有关这一重要议题的更多信息：http://www.fao.org/food/food-safety-quality/scientific-advice/jemra/。

④ 请访问粮农组织/世界卫生组织食品添加剂联合专家委员会（JECFA）的有关资源，了解粮农组织为国际食品法典委员会提供科学建议的更多信息：http://www.fao.org/food/food-safety-quality/scientific-advice/jecfa/。

2 A到Z：亚太地区食品安全问题

A 过敏症（Allergies）
见小册子4：《食物过敏：不让任何一个人掉队》

你知道吗？贝类过敏是亚洲最常见的食物过敏（Lee等，2013）。另外，相较世界上其他国家，亚洲人对花生的过敏程度较低（Lee等，2013）。

亚太地区的食品过敏问题可能会愈发严重，这与全球趋势一致（Shek和Lee，2006）。世界各地的研究人员正在探索人们对食物过敏程度日益升高的原因。尽管已有一些理论可以解释这种现象，但具体原因尚未明确。流行病学数据和相关研究有助于我们了解更多情况，探明何种环境和遗传因素会导致过敏症风险上升（图2-1）。

在亚洲，贝类是十分常见的食物过敏原。贝类在东南亚是食物诱发过敏性休克的主要过敏原，尽管在韩国和日本并非如此。

小麦是日本和韩国最常见的过敏性休克诱因。小麦过敏在泰国也愈发常见。

在新加坡，燕窝是过敏性休克的常见诱因。

在印度，豆类（特别是鹰嘴豆）的消费量很大，是主要的过敏原。

温暖潮湿的气候是尘螨滋生的温床，储存于这种气候下的小麦粉更是尤易滋生尘螨。这样的地区经常发生因摄入被尘螨污染的小麦粉而导致的过敏性休克事件。

在东南亚国家，对含有半乳糖低聚糖的配方奶粉过敏的报告屡见不鲜。

亚太地区有关花生过敏的报告远低于其他地区。

图 2-1　关于亚洲食物过敏的部分数据

资料来源：Lee 等，2013。

虽然为大量人口诊断食物过敏劳神费力、程序烦琐，但了解个人的食物过敏情况是实现条件改善和食品安全的根本举措。食物过敏影响到了人类健康、社会生活和经济资源，要想确定有效的食物过敏诊断工具并改善人们的生活质量，可以先从良好沟通和明确指示开始。

思考要点

- 全球范围内出现的食物过敏事件日益增多。
- 加强教育、提高食品行业和消费者对食物过敏的认识，这样做至关重要。
- 食品标签是告知有过敏症消费者的最有效方法之一。
- 食物过敏尽管难以诊断，但研究人员正在努力开发有效的诊断工具。支持诊断工具的研究和开发有利于发现更多的食物过敏原。

国际食品标签法典委员会在《食品法典》中公布了与免疫反应有关的常见致敏食物清单。这份清单涉及全球各地的各种食物，包括花生、大豆、牛奶、鸡蛋、鱼、甲壳纲动物、小麦和坚果。此外，这份清单还涵盖了含麸质的谷物（小麦、黑麦、大麦、燕麦和斯佩耳特小麦），这些谷物可能引起麸质敏感性肠病（FAO，2001）。

延伸阅读

- **FAO**，2001a．食物过敏概述．http://www.fao.org/3/y0820e/y0820e04.htm#bm04.
- **FAO和WHO**，2001a．转基因食品的致敏性评估．http://www.fao.org/3/y0820e/y0820e00.htm#Contents.
- **Taylor，S. L**，2017．食物过敏：日益严重的公共卫生问题．http://www.fao.org/fao-who-codexalimentarius/sh-proxy/en/?lnk=1&url=https%253A%252F%252Fworkspace.fao.org%252Fsites%252F-codex%252FMeetings%252FCX-712-49%252F-Presentation%252FTaylorCCFHChicago2017.pdf.

Ⓐ 抗生素耐药性（Antimicrobial resistance）
见小册子8：《遏制超级细菌：立法和抗生素耐药性》

如何追踪抗生素耐药性（Antimicrobial resistance，AMR）？ 2015年，一群科学家尝试通过分析国际飞机上的厕所废物来检测是否存在AMR细菌（Petersen，2015）。厕所废物是重要的信息来源，能提供有用信息，但该途径往往受到忽视。事实上，AMR病原体不但能通过厕所废物进行传播，并且这种传播方式像饮用受污染水源或食用受污染食品一样常见（图2-2）。

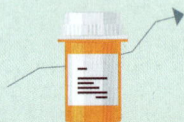

如果不采取行动，预计到2030年，抗生素的使用量将增加50%以上（Van Boeckel等，2015）。

AMR水平与恶劣的卫生条件之间存在相关性（Collignon等，2018）。

亚太地区尚未建立AMR监测网络，很多数据处于缺失状态（Yam等，2019）。

全球范围内销售的所有抗生素中，73%用于为食品生产而饲养的动物（Van Boeckel等，2019）。

亚洲是最可能出现具有抗生素耐药性动物的地区，该地区拥有全球56%的猪群和54%的鸡群（Van Boeckel等，2019）。

大多数低收入国家和中等收入国家几乎没有对动物、食品和人类使用抗生素的监测计划，甚至从未实施监测计划（Founou等，2016）。

图2-2 有关AMR的数据和事实

据报道，如果不加以控制，到2050年，抗生素耐药性疾病可能每年会造成1 000万人死亡，对全球经济造成灾难性影响，损失超过100万亿美元（O'Neill，2014）。这些超级细菌的传播为未来的大流行病埋下了隐患。过去30年间没有推出任何一类新的抗生素。为应对抗生素耐药性疾病的不断蔓延，全球做出了关键努力以遏制这一趋势，特别是通过粮农组织、世界动物卫生组织（简称"动卫组织"，OIE）和世界卫生组织（简称"世卫组织"，WHO）的三方合作来做出努力（FAO、OIE和WHO，2010g）。

思考要点

- 超级细菌的DNA序列可以提供更多细节和精确信息，对抗击超级细菌很有帮助。
- 要将抗生素的使用减少到必要的最低限度，这不仅对医疗卫生领域意义重大，对食品、农业和水产养殖领域也至关重要。
- 卫生专业人员、兽医、初级生产者、食品安全政府部门、教育机构和媒体之间的合作对于解决AMR问题极为重要。
- 通过AMR的视角审查食品安全法律框架，可以有效地识别并解决该框架在提供全面监管以应对AMR方面的潜在弱点。

超级细菌已在全球范围内扩散，并成为一项全球性问题。对此，国际食品法典委员会近期成立了AMR专项工作组，负责提供国际公认的标准和指导国家食品安全主管部门管理AMR。同时，粮农组织正在帮助各国评估其国家监测和实验室能力，并与世界卫生组织和动卫组织一起签署了一项三方协议，以共担责任和协调全球活动，应对动物-人类-生态系统交互层面上的健康风险。

延伸阅读

- **FAO**，2020a．抗生素耐药性．http://www.fao.org/antimicrobial-resistance.
- **FAO**，2020b．抗生素耐药性：背景．http://www.fao.org/antimicrobial-resistance/background/fao-role.
- **FAO**，2020c．抗生素耐药性：关键问题．http://www.fao.org/antimicrobial-resistance/key-sectors/food-safety.

B 生物技术（Biotechnology）

你知道吗？亚洲是世界上对转基因食品开展科学评估的主要地区。

生物技术多种多样。生物技术指与生物体有关的技术的使用（"生物"对应的英文是"bio"，在古希腊语中意指"生命"）。其中，有一项技术能将活细胞的脱氧核糖核酸（DNA）切割并粘贴到不同物种的细胞中，这被称为重组DNA技术，转基因生物（GMOs）的实现离不开该技术的支持。

亚太地区有三分之一的国家正定期开展工作以确保转基因食品的安全，另有三分之一的国家正计划尽快实施相关措施（FAO，2019a）。亚太地区转基因生物的部分数据见图2-3。

澳大利亚、中国、印度、印度尼西亚、日本、韩国、马来西亚、新西兰、菲律宾、新加坡、泰国和越南定期进行转基因食品安全评估（FAO，2019a）。

孟加拉国、不丹、柬埔寨、斐济、基里巴斯、蒙古、尼泊尔、巴布亚新几内亚、萨摩亚、斯里兰卡、东帝汶和汤加正计划尽快进行转基因食品安全评估（FAO，2019a）。

转基因大豆占全球转基因作物种植面积的50%，其次是玉米（30.7%）、棉花（13%）和油菜籽（5.3%）（Statista，2020a）。转基因棉花在亚太地区尤为重要（ISAAA，2017）。

阿富汗、文莱、马尔代夫、密克罗尼西亚和缅甸尚未计划于近期进行转基因食品安全评估（FAO，2019a）。

图2-3 亚太地区转基因生物的部分数据

无论食品以何种方式生产，确保食品安全依然是首要任务。与单一物质的安全评估不同，转基因食品需要进行全面的食品安全评估。这种全面评估的能力要求可能对亚太地区的许多国家构成严峻挑战。

粮农组织与一些伙伴组织合作，为转基因食品的安全评估提供技术指导。本指南介绍的内容与国际统一的《食品法典》准则相一致。

思考要点

- 如果国内生物技术管理能力有限，可寻求国际、双边和多边合作。
- 在转基因生物问题的处理上应采取有针对性的沟通策略，通过适当的渠道传达基于科学的明确信息，从而实现有效沟通。
- 利益相关者之间持续进行公开对话，并提供易于获取的科学信息，这些是向公众宣传的基本出发点。
- 进口国与出口国之间的转基因作物授权可能存在时间差，及时共享数据可以有效避免这一问题，进而有效管理低水平混杂（LLP）的情况。

延伸阅读

- **FAO**，2020d. 生物技术和食品安全. http://www.fao.org/food-safety/scientific-advice/crosscutting-and-emerging-issues/biotechnology.
- **FAO**，2019a. 粮农组织转基因食品平台的全球社区会议，实现有效的基于风险的食品安全评估和监管管理. http://www.fao.org/3/ca8945en/CA8945EN.pdf.
- **FAO**，2019b. 粮农组织转基因食品平台：食品安全评估是否有效? http://www.fao.org/3/ca7770en/ca7770en.pdf.
- **FAO**，2013a. 粮农组织转基因食品平台. http://www.fao.org/gm-platform.
- **FAO**，2000. 粮农组织关于生物技术的声明. http://www.fao.org/biotech/fao-statement-on biotechnology.

C 犯罪和食品安全（Crimes and food safety）

你知道吗？人类使用生物武器的历史非常久远。例如，1495年，西班牙军队在意大利南部战斗时，曾使用被麻风病人血液污染的酒水袭击法国敌军（Barras和Greub，2014）。

涉及食物中毒的犯罪行为同样历史悠久。比如，古罗马人曾经用尸体污染敌人的水井。最近，一些国家有将水和食源性病原体用作生物武器的生物战计划。不幸的是，犯罪分子和恐怖组织也有类似计划（Barras和Greub，2014）。

尽管生物恐怖袭击发生的可能性貌似很低，甚至与食品安全主管部门无关，但是其影响却是毁灭性的，因而不容小觑。为此，应做出一系列改进，提升现有的监测、筹备和响应系统。

粮农组织开展了多层次的应急准备和防范工作，制定了若干文件，研发了多个工具和指导材料，可为更新、完善国家计划提供参考。

思考要点

- 防范是将涉及食品安全犯罪的负面影响降到最低的关键。
- 针对造假、欺诈等意外食品事件的管理计划，可为涉及食品安全犯罪的防御计划打下良好基础。
- 明确各利益相关者在防范计划中的作用和责任，将有益于提高认识，并有助于搭建相关网络。

延伸阅读

- **FAO**，2011．良好应急管理实践之要点．http://www.fao.org/3/a-ba0137e.pdf.
- **FAO**，2016a．加强兽医诊断能力：粮农组织实验室绘图工具．http://www.fao.org/3/a-i5439e.pdf.
- **FAO和WHO**，2012．粮农组织/世卫组织关于发展和改进国家食品召回系统的指南．http://www.fao.org/3/i3006e/i3006e.pdf.
- **FAO和WHO**，2011．粮农组织/世卫组织关于在食品安全紧急情况下应用风险分析的指南．http://www.fao.org/3/ba0092e/ba0092e00.pdf.
- **FAO和WHO**，2010b．粮农组织/世卫组织国家食品安全应急计划框架．http://www.fao.org/3/i1686e/i1686e00.pdf.
- **FAO和WHO**，2007．粮农组织生物安全工具包．http://www.fao.org/3/a1140e/a1140e.pdf.

Ｃ　食品安全文化（Culture of food safety）

闭上眼睛，想象一下这样的世界：人人各尽其责，保障每个人获得的所有食品都是安全的。这何尝不是一个伟大的愿景？睁开眼睛，你会发现这确实还只是愿景，但这并不意味着它不可能成为现实。实际上，无论是在食品安全主管部门任职的人，还是任何组织、团体、公司或家庭中的任何成员，都可以采取具体行动，将愿景化为现实。

许多消费者认为，保障食品安全只是食品行业或政府的职责，但是实际上，食品安全与每个人息息相关。规章制度总是难免存在局限，因此，支持食品行业和消费者并委其以重任便尤为重要。良好的指南和正确及时的信息可以引导大家积极采取行动，为食品安全做出贡献。

澳大利亚新西兰食品标准局（The Food Standards Australia New Zealand, FSANZ）就是一个典范，它展示了政府部门如何支持食品企业创建食品安全文化。政府部门为食品企业创建了一个线上中心，并为食品企业提供有用的资料。这一举措有助于食品企业的每个人了解食品安全的重要性，并让他们为生产安全食品而感到自豪。要知道，食品安全问题不仅存在于加工过程之中。

若想有效推动食品安全文化建设，就要督促所有利益相关者共同坚守承诺。不妨先从高层开始，请食品安全主管部门做出承诺。这种方法超越了传统的培训、测试、检查方法和风险管理等模式。由于这种方法涉及对所有食品处理人员的信任，故而不能忽视他们的责任。不应将食品安全文化的形成视作理所当然，必须要加强食品安全文化教育。

思考要点

- 食品安全文化是指，食品供应链中的每个人在其日常工作中思考和行动，确保生产安全的食品、提供安全的服务。
- 食品安全主管部门和食品企业之间的公私合作有助于促进食品安全文化建设，将食品安全视为一种共同责任。
- 各类政府机构，如澳大利亚和加拿大的政府机构，为食品企业建设食品安全文化提供了一系列指南和工具。
- 食品安全主管部门可以向食品企业提供各种食品安全自查清单模板，以便食品企业在体系内改善食品安全文化。

在思考这一问题时，可在浏览器中输入右侧网址，查阅关于不丹创建食品安全文化项目。不丹相信，强大的食品安全文化可以让参与食品供应链的每个人产生责任感，进而帮助个人提升能力并实现最佳结果。

在不丹创建食品安全文化

https://youtu.be/E88Mnh0MVxE.

延伸阅读

- **FAO**，2020e. 粮农组织：不丹农业和食品管理局（BAFRA）关于不丹食品安全文化和食品安全指标试点项目的国家研讨会和讲习班. http://www.fao.org/3/ca7021en/ca7021en.pdf.
- **FAO**，2019c. 在不丹创建食品安全文化 [视频]. https://youtu.be/ E88Mnh0MVxE.

D　腹泻（Diarrhoea）

你知道吗？由某些感染引起的腹泻患者每天可能失去多达20升的液体。脱水是腹泻的主要症状，可能导致肾脏坏死等严重后果。

腹泻的确切原因很难查证，症状可能在摄入后的8小时至6周内出现（USFDA，2020）。腹泻这一疾病仍是许多发展中国家的主要"杀手"，大多数病例是由食物或水体微生物污染造成的。此外，许多与食物中毒有关的数据没有上报相关机构或部门，关于腹泻病例的统计可能尚不全面（图2-4）。

每天有2 195名儿童死于腹泻。全世界每死亡9名儿童，其中就有1名死于腹泻，比死于艾滋病、疟疾和麻疹的人数总和还要多（CDC，2020）。

全球范围内，每年有儿童腹泻近17亿例（FAO，2020）。

2015—2020年，阿富汗、孟加拉国、老挝、马来西亚、马尔代夫、缅甸、尼泊尔、巴基斯坦和菲律宾一直报告称，超过35%的5岁以下儿童因腹泻需要护理或治疗（UNICEF，2020）。

撒哈拉以南非洲地区和南亚地区的腹泻病死亡率最高，通常为每10万人中有50至150人因腹泻而死亡（Dadonaite和Ritchie，2018）。

引发腹泻病的最高风险因素是不安全的饮水和恶劣的环境卫生。对于儿童群体，儿童发育不良和维生素A缺乏也是重要因素（Dadonaite和Ritchie，2018）。

2016年，腹泻是导致各年龄段人群死亡的第八大原因，轮状病毒是主要病因（GBD，2016）。

图2-4　腹泻病数据

开展全民食品安全教育并实施关键卫生措施，可以有效减少食品安全事件的发生。保障食品安全是每个人的责任，食品安全主管部门应该积极创造有利环境，鼓励每个人都能落实食品安全措施。

思考要点

- 不安全的食物和饮水、恶劣的环境卫生是导致患腹泻病的最高风险因素。
- 在许多国家，食源性疾病的报告严重不足；即使报告了病例，也不一定能反映该国实际的食品安全状况。
- 在国家范围内建立并完善关于腹泻病的统计数据，将有助于提高人们对腹泻病的认识，并在国家层面提高食品安全的优先级。
- 公众宣传活动有助于消费者采取预防措施、减轻食源性疾病风险。
- 在食品生产、处理、储存、销售和消费的场所配备清洁水源和卫生基础设施，可以带来显著改善。

腹泻主要由不良卫生习惯或消费行为导致。粮农组织致力于支持其成员改善食品安全系统并提供科学建议。粮农组织还提供定期更新的手册和指南，为食品安全相关的多个主题提供参考。

延伸阅读

- **FAO**，2020f. 微生物风险与微生物风险评估联席专家会议（JEMRA）. http://www.fao.org/food/food-safety-quality/scientific-advice/jemra.
- **FAO**，2016b. 食品安全风险交流指南. http://www.fao.org/3/a-i5863e.pdf.
- **FAO 和 WHO**，2001b.《食品法典》食品卫生基本文本. http://www.fao.org/3/y1579e/y1579e00.htm#Contents.

Ⓔ　食品电子商务（E-commerce）

你知道吗？世界上十大在线食品杂货市场中，有三个在亚洲（中国、日本和韩国）。2018年曾有过这样的预估：到2022年，在线食品杂货销售渠道的价值将增长到2 670亿美元，成为亚洲地区增长最快的渠道（亚洲食品工业，2018）。

食品电子商务是一种发展趋势，但该行业对食品的储存和运输条件知之甚少，而其中有些因素会干预甚至威胁到食品安全。虽然有关食品电子商务的一些细节尚未明确，但新技术的出现和对私营部门的指导可以广泛提高该零售模式下的食品安全水平（图2-5）。

个人责任、及时沟通和实时数据是确保食品运送中食品安全的关键。因此，消费者意识、对新技术的投资以及与利益相关者的定期对话至关重要。此外，易于实施的明确准则而非严格的法规，可以支持食品行业实施食品安全措施。政府部门还能为食品安全教育提供支持，助力更多人参与食品安全。

2020年，亚洲在线食品快递产值达到57.8亿美元，预计2024年市场价值将达到101.83亿美元（Statista，2020b）。

预计到2024年，"平台-消费者"配送模式的用户数量将达到6.912亿，"餐厅-消费者"配送模式的用户将达到5.362亿（Statista，2020b）。

2019年，37.6%的用户在25～34岁，其中41.6%的用户来自低收入家庭（Statista，2020b）。

人工智能、机器学习或送货机器人等技术可能被应用于未来的食品电子商务行业。这些技术可用于分析天气、交通和送货地址等要素，有助于更快地完成订单，并在保障食品安全方面发挥作用（Sichao和Xifu，2016）。

图2-5　有关食品电子商务的部分数据

思考要点

- 亚洲在线食品配送领域价值达数亿美元，预计该数字还将继续增长。人工智能等新技术可能在未来的电子商务中得以应用。
- 确保采取适当的食品安全措施，如在电子商务交付期间以适当的温度储存和运输食品，是许多低收入国家和中低收入国家正面临的挑战。
- 指南、援助和建议（非惩罚）往往能有效促使私营电子商务部门遵守食品安全规则和条例。

食品电子商务这一新生趋势极具活力。粮农组织致力于通过提高对食品安全的认识、增强消费者的选择能力等手段，使食品电子商务与粮食体系的持续转型保持同步。

延伸阅读

- **FAO**，2020g. 新常态下的食品安全. http://www.fao.org/3/cb0481en/CB0481EN.pdf.
- **FAO**，2019d. 粮食体系的数字化转型. http://www.fao.org/3/CA2965EN/ ca2965en.pdf.
- **FAO**，2019e. 科学、创新和数字化转型服务于食品安全. http://www.fao.org/3/CA2790EN/ca2790en.pdf.
- **FAO**，2019f. 共担赋权消费者的责任. http://www.fao.org/3/CA3542EN/ca3542en.pdf.

F 虚假新闻（Fake news）

虚假新闻并不是新现象，它和印刷媒体一样古老，甚至比印刷媒体出现得更早。虚假新闻常常耸人听闻，经由极端的、目的性极强的手段捏造出来，以引导大众热切讨论某个话题。究其根源，虚假新闻的背后往往是人们常持的偏见（Soll，2016）。

虚假新闻的传播基于"确认偏误"。正如哲学家弗朗西斯·培根在《新工具》一书（1620）中所说到的：

人类在理解层面一旦认可了某种观点，就会援引所有其他事物来支持和赞同该观点。尽管在另一立场有更丰富、更典型的例子，但这些例子往往被人们忽略、轻视，或通过某种区分被搁置、拒绝。人们通过这种看似伟大实则危险的预先决定，维护其先前结论的权威性。

纵观历史，客观新闻与虚假新闻形成了鲜明对照。在网络新闻兴起之前，社交媒体创建新闻源的算法并未将准确性和客观性纳入考量。无论数字新闻的传播客观与否，其都不再受制于保证信息可信度的传统新闻方法。因此，我们正处于所谓的"后真相"时代，身边充斥着虚假新闻和错误信息（图2-6）。

谨防类似错误言论：

食用苹果上的蜡质涂层非常危险。

研究表明，吃生姜可以治疗感染。

饮茶可以治疗感染症状。

腌制肉是用人造肉生产的。

联合国机构警告：不要食用卷心菜。

图2-6　有关食品安全的虚假新闻

改编自：AFP，2021。

近年来，虚假新闻已成为许多负面事物的统称：错误信息、阴谋论、恶作剧、政治扭曲等。虚假新闻总是任意曝出，于是一些专家认为，"虚假新闻"一词已经过时了，我们应该把重点放在事实、意见、猜测和完全虚构之间的区别上（BBC，2018）。然而，新闻不可能是假的：新闻是为了公共利益而分享的可核实的信息，所以"虚假新闻"本身就是一个矛盾的说法。今天，虚假新闻应该被称为"信息失序"，联合国教育、科学及文化组织（简称联合国教科文组织，UNESCO）将"信息失序"分为如下三种形式（UNESCO，2018）：

① 虚假信息：为伤害个人、社会团体、组织或国家而蓄意制造的不实信息。

② 错误信息：不是以造成伤害为目的而制造的不实信息。

③ 恶意信息：用于伤害个人、社会团体、组织或国家的基于现实的信息。

思考要点

- 互联网用户逐渐将社交媒体作为食品安全等健康相关知识的获取渠道。
- 传统新闻往往重视报道翔实有效的信息，但网络生成的新闻不一定像传统新闻那样经过事实核查。
- 主管部门必须定期监测社会媒体，核查有关食品安全的不正确信息或误导性信息，以便及时提供准确信息。
- 重视和维护政府主管部门的透明度和公信力，对保护消费者免受虚假新闻的影响至关重要。

F 食品欺诈（Food fraud）

见小册子5：《食品欺诈：意图、检测与管理》

加拿大的一项调查显示，大多数消费者愿意为获得"零欺诈认证"的食品支付更多费用（Statista，2020c）。这可能与人们通常认为食品欺诈存在健康风险有关。

近代史上曾发生过数起食品欺诈案，这些臭名昭著的案件表明：食品欺诈不仅是经济犯罪，也是食品安全问题。例如，三聚氰胺奶粉事件导致30多万人患病（BCC，2010）；而由橄榄油中的苯胺引起的"毒油综合征"导致约300人在发病后不久死亡，且有更多人因此患上慢性病（Gelpi等，2002）。食品欺诈并不是一个新问题：公元前1760年左右，《汉谟拉比法典》就已记录了监管农业食品欺诈的相关工作（CAFIA，2015）。

食品欺诈是指食品企业经营者故意在顾客购买食品的质量或成分方面欺骗顾客，目的是从中获取不正当利益，通常是经济利益。识别食品欺诈有三个要素：①故意；②欺骗及其背后的动机；③不正当利益（图2-7）。

随着亚太地区人们的生活水平迅速提高，人们对优质食品的相关需求逐渐增加，食品电子商务出现了爆炸性增长，于是该地区被视作食品欺诈的高发风险地区。法律和技术干预都可以解决这一问题，而两者相结合则能成为预防食品欺诈的法宝。

粮农组织一直在研究食品欺诈问题，并在2019年召开了一次专家会议来讨论这一问题。一般来说，任何被归类为食品欺诈的行为大概率已被亚太地区各管辖区的国家法律所禁止。然而，这并不意味着人们可以高枕无忧，因为亚太地区食品欺诈案件的数量仍在不断增加。该地区乃至全世界不断发生的食品欺诈案件表明，仅采用通用的方法不足以解决食品欺诈问题。那么问题来了，为减少食品欺诈，需要采取哪些法律干预措施以及潜在的技术创新呢？

图2-7 常见的假劣食品

思考要点

- 构成食品欺诈的三个基础要素是：故意、欺骗和拥有赚取不当利益的动机。
- 部分食品欺诈对人类健康构成风险，如在食品中添加有毒物质或致敏物质。
- 在国家管辖范围内确定食品欺诈的明确定义，有利于政府对该问题提供更有针对性的解决方案。
- 与时俱进，紧跟新技术发展趋势，如人工智能和区块链技术，可能有助于曝光复杂的食品欺诈。

延伸阅读

- **FAO**，2020g．关于食品欺诈的思考．http://www.fao.org/legal/development-law/magazine-1-2020.
- **FAO**，2016c．保护消费者的食品标签手册．http://www.fao.org/3/a-i6575e.pdf.
- **FAO和ITU**，2019．区块链在数字农业中的运用．http://www.fao.org/3/CA2906EN/ca2906en.pdf.
- **FAO和WHO**，2020a．《食品法典》标准和相关文本．http://www.fao.org/fao-who-codexalimentarius/codex-texts/en.
- **FAO和WHO**，2018a．关于"食品诚信和真实性"的讨论文件，CX/FICS 18/24/7．https://bit.ly/35SKZJp.
- **FAO和WHO**，2017．关于"食品诚信和真实性"的讨论文件．由伊朗编写，加拿大和荷兰提供协助．https://bit.ly/3frRSol.

Ｆ 粮农组织亚太区域办事处（Food and Agriculture Organization of the United Nations，Regional Office for Asia and the Pacific）

你知道吗？粮农组织在亚太地区有38个办事处，其中亚太区域办事处坐落于泰国曼谷，太平洋岛屿分区域办事处位于萨摩亚阿皮亚，日本联络处位于日本横滨。

亚太地区的食品安全问题经常成为新闻焦点。亚太地区极其丰富的饮食文化带来了各种食品安全问题，急需针对不同国家和地区的具体问题采取具体措施。亚太地区每年有超过2.75亿人生病，其中22.5万人死于食源性疾病。

城市化加剧、人口激增、生产技术革新以及环境条件多变等现象引发了新的食品安全隐患。粮农组织亚太区域办事处通过与政府、当地企业及其他利益相关者开展密切合作，着手解决相关问题，建立更为完善的食品安全管理系统。具体活动包括：完善与食品相关的立法并制定法规，提高《食品法典》相关活动的参与度并调整国际贸易标准，以及评估国家级食品控制系统等（图2-8）。

食品安全制度的管理能力

转基因食品安全评估和生物安全的技术能力

为实施有效的农业生产实践制定标准和规范

食品安全监管治理能力提升与未来能力建设

畜产品质量安全和品控

切实参与《食品法典》相关活动和标准设置

在同个健康标准下加强进口食品质量监管

就食品安全问题展开交流

设置并应用食品安全指标

粮食体系中的食品安全

筑牢国际食品安全协作网

抗生素耐药性和食品安全

在管理路边摊食品和非正式部门方面提供政策建议

图2-8　粮农组织在亚太地区的食品安全支撑领域

粮农组织在国家、区域和国际层面加强食品安全和完善质量控制体系方面提供支持，其中涉及如下几点：

① 指导各国评估和发展食品管控系统，包括食品安全政策和食品管控框架，加强国家食品质量监管能力，促进全球贸易一体化。

② 提升相关机构和个人在食品安全监督、管理及紧急情况处理等方面的能力。

③ 通过粮农组织/世卫组织食品添加剂联合专家委员会、粮农组织/世卫组织微生物风险评估专家机构联合会议，为食品安全政策和决策提供科学建议，巩固国家、区域和国际层面的食品安全标准。

④ 强化食物链上的食品安全管理，支持发展中国家在食物链上基于风险进行食品安全管理，以防止疾病发生和贸易中断。食物链应适用于国家和地方的生产系统并符合《食品法典》规定。

⑤ 搭建食品安全平台、数据库和建立相应机制，建立联系并就区域和全球发展问题举办多双边对话论坛。在国际上就关键的食品安全问题提供信息支撑，促进有效沟通。

⑥ 就食物链人工智能进行收集整理、分析交流，推动智能化食品安全情报系统和预测技术发展。

⑦ 解决新技术带来的问题，改善食品安全，保护公众健康。

思考要点

- 粮农组织是引领国际消除饥饿的联合国专门机构。其目标是实现所有人的粮食安全，确保人们能够定期获得充足的优质食物，拥有积极健康的生活。
- 粮农组织在食品安全、能力发展、应急准备和复原能力等方面提供科学建议、政策支持和技术援助。
- 粮农组织与世卫组织共同建立了国际食品标准制定机构法——国际食品法典委员会，并促进各国在食品安全方面开展合作活动，以保护消费者健康，促进公平的食品贸易。
- 粮农组织关注农业粮食体系的整条食物链，全方位夯实食品安全。
- 粮农组织成员可通过粮农组织国家办事处或区域办事处提交正式申请，要求粮农组织提供食品安全方面的技术援助。

保障食品安全是一个复杂的过程，始于农场，止于餐桌。粮农组织是唯一一个监督食物链所有方面的国际组织，能够提供独特的、全方位的食品安全视角，而与世卫组织的长期合作关系则进一步增强了这一优势。通过分工合作，粮农组织和世卫组织覆盖了一系列问题，共同支持全球食品安全，保护消费者健康。世卫组织通常进行监督并与各国的公共卫生部门保持强有力的关系，而粮农组织通常处理食品生产链上的食品安全问题。

延伸阅读

- **FAO**，2020i．粮农组织食品安全与质量．http://www.fao.org/food-safety/background/en.
- **FAO**，2020j．食品安全活动．http://www.fao.org/asiapacific/perspectives/one-health/food-safety.
- **FAO**，2020k．粮农组织在亚太地区的办事处．http://www.fao.org/asiapacific/our-offices.
- **FAO**，2020l．粮农组织在世界各地的办事处．http://www.fao.org/about/who-we-are/worldwide-offices/en.
- **FAO**，2020ac．食品安全和质量：科学建议．http://www.fao.org/food-safety/scientific-advice.

见小册子9：《衡量食品安全：实现可持续发展目标（SDGs）的指标》

粮农组织负责的项目还包括可扩展指标的制定，这些指标可针对国家的特定情况改善食品安全。

Ⓖ 基因（基因组）编辑（Gene/genome editing）

基因编辑食品与转基因食品有何区别？

基因编辑生物的基因修改均使用同一生物的DNA，因而没有引入新的遗传物质，转基因生物的遗传物质则来自不同的生物体。

新的分子技术使引入新的遗传物质成为可能，如成簇规律间隔短回文重复序列（也称CRISPR-Cas 9）技术、转录激活因子样效应物核酸酶（TALENs）技术和锌指核酸酶技术（Gaj，2016）。这些技术极为精密，能直接对遗传材料进行操作，食品、农业等诸多部门均使用此类技术（图2-9）。

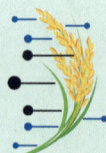

过程驱动的法规重点关注食品生产的过程。澳大利亚、新西兰、欧洲和印度已经采用了这类法规。

产品加工方面的法规侧重于改性后的最终产品。插入的新型性状受到监管。这类法规已在加拿大和美国应用。

具体的监管方法则聚焦新型育种技术，大多采用逐案处理的方式（在阿根廷采用）（Friedrichs，2019）。

图2-9　基因编辑的相关规定

迄今为止，CRISPR技术在作物改良中的应用主要集中在提高作物的产量、质量和抗逆性等方面。实现路径是让决定不良性状的基因"沉默"，让决定理想性状的基因得到表达（Zhang等，2020）。基因编辑能引入优良特性，例如：抗环境压力（恶劣天气、干旱、虫害）的作物，更长储存周期、更高营养价值的农产品，以及低过敏性的坚果或无麸质小麦。基因编辑的优点是高度精确。

粮农组织致力于确保为所有人提供安全的食品：无论生产方式如何，无论对新技术的实施持何种看法，食品的首要要求是安全。粮农组织在制定新生物技术相关文件时，食品安全评估手册仍然有效力。

思考要点

- 基因编辑食品已在部分国家的食品市场上推出。
- 根据现有的监管框架，各国已经在评估基因编辑食品的安全性。有些国家要求基因编辑食品在上市前获得批准，有些国家则对此不做要求。
- 消费者的看法和接受程度可能因国家和文化而异，因此提供基于证据的信息和促进公开交流的做法值得推崇。

- **FAO**，2020m．盘点报告：全球食品生物技术交流材料．http://www.fao.org/3/cb1394en/cb1394en.pdf.
- **FAO**，2020n．生物技术．http://www.fao.org/biotechnology/en.
- **FAO**，2020o．亚太地区农业生物技术的应用现状、能力和有利环境．http://www.fao.org/3/ca4438en/ca4438en.pdf.

延伸阅读

H 家庭屠宰和后院散养（Home slaughtering and backyard farming）

见小册子2：《后院散养和屠宰：传统不失安全》

你知道吗？各个子区域的宗教和文化信仰，与畜牧生产的实践和趋势之间存在着密切联系。

例如，在太平洋岛屿瓦努阿图的 *Nekowiar*（也被称为 *Toka*）文化节期间，成千上万的人齐聚一堂，用舞蹈确立部落权威，开展相亲活动，并举行宴会仪式。人们喝着卡瓦酒，宰杀多达100头猪，将庆祝活动推向高潮。泼洒鲜血和动物献祭象征着清洗早先犯下的罪孽（Bonnemaison，1986）。

除了宗教、文化和地区差异外，亚太区域内各地的屠宰方法也大不相同。在农村和中低收入人群中，小农户的畜牧生产对社区具有重要的经济、实用和文化价值（图2-10）。

当然，这些做法伴随着人畜共患病和食品安全风险。不过这些风险是可控的，家庭或村级的屠宰和动物源性食品生产也是安全可持续的，打上了深深的文化烙印，源源不断地滋养着当地社区。有相对简单的干预措施可应用于家庭养殖和屠宰，从而改善食品安全。地方主管部门应在有据可依的基础上，领导小农户改进养殖和屠宰行为，这是成功减少食源性疾病风险的关键途径。

主管部门可以利用多种资源来支持当地的疫情通报和风险管理，可以利用来自粮农组织和其他国际组织（如世卫组织、动卫组织）的资源，还可以与其他司法管辖区的有关部门取得联系。

设计合理、设备齐全的新式屠宰场有利于安全卫生的肉类生产，这类产品往往用于出口市场或国内高端市场。

老式的大型屠宰场一般位于城市地区，归政府所有。

城市和农村可开办中小型私人或市级屠宰场。

用于小农或出于宗教文化考虑进行屠宰的家庭或村级屠宰台。

在发展中国家，屠宰往往在许多小型屠宰场进行，这与发达的工业化国家形成鲜明对比，后者的屠宰方式更加综合和集中。

图2-10　屠宰场的主要类别
资料来源：FAO，2008a。

思考要点

- 亚太地区以家庭为单位养殖牲畜，有着悠久的历史。在散养和家庭屠宰中，有较高风险出现食源性病原体污染动物源性食品或动物向人类传播疾病的情况。
- 务必实施良好的动物管理，要在屠宰后采取卫生措施，并在屠宰环境中开展适当检查和废物管理。
- 提高公众对基本卫生习惯的认识，能有效预防与散养和家庭屠宰相关联的食源性疾病。

延伸阅读

- **FAO**，2019g. 基于风险的肉类检验的技术指导原则及其应用. http://www.fao.org/3/ca5465en/CA5465EN.pdf.
- **FAO**，2018a. 世界畜牧业：实现可持续发展目标，促进畜牧业转型.
- **FAO**，2018b. 太平洋岛屿国家的家庭农业：挑战与机遇. http://www.fao.org/3/ca0305en/CA0305EN.pdf.
- **FAO**，2008a. 屠宰场发展：卫生的初级和中等规模屠宰场的选择和设计. http://www.fao.org/tempref/docrep/fao/010/ai410e/ai410e00.pdf.

I　进口食品管控（Imported food controls）

见小册子3：《食品安全关乎全球利益：东盟国家的具体案例》

你知道吗？美国不能进口健达奇趣蛋，新加坡在1992年就停止进口口香糖，马拉维当局已经禁止进口全类别的春药；在中国，婴儿配方奶粉只能作为个人用品携带入境。

每个国家都有其管理食品进口的方式，而且食品的国际贸易常常面临困难。食品是国际贸易中第三有价值的商品类别，进口在发展中国家的食品供应中占很大比例（图2-11）。

2018年全球食品进口值为125 599 079.44美元（世界银行，2018）。

亚太地区粮食进口量占全球粮食进口总量的48%（世界银行，2018）。

世界银行2017年的数据显示，2017年中国的食品进口量占其商品总量的6.7%。

图2-11　食品进口的重要数据

尽管各国实力和食品进口优先项不同，但进口食品管控的成功实践已被普遍采用。常见方法包括：进口食品要平等遵守与国内食品相同的法律要求，留存进口商概况和进口食品记录，根据食品的风险水平决定测试和抽样方法及频率，在边境控制点采取风险导向的管理行动。

思考要点

- 海关工作人员通过操作简便的风险分类排序法来综合评估商品及危险品。因此，高风险和高利润的食品比其他食品更受关注。
- 在全国范围内推广应用以风险为基准的进口食品检查标准操作流程，确保标准的统一和透明。
- 食品安全主管部门和海关官员就进口商概况、风险分类结果和所需文件等信息进行系统的书面沟通，有助于提升对进口食品安全的风险管理。

资料来源：FAO，2018c。

延伸阅读

- **FAO**，2016d．基于风险的进口食品控制手册．http://www.fao.org/3/a-i5381e.pdf.
- **FAO**，2018c．确保进口食品安全．http://www.fao.org/3/ca0286en/CA0286EN.pdf.

J 果汁摊和食品安全（Juice stands and food safety）

你知道吗？亚洲鲜榨果汁市场预计每年增长5.8%（Statista，2020e）。

鲜榨果汁口味佳、营养好，街头巷尾的鲜榨果汁摊更是传统文化的组成部分，不仅具备热带风味，还为许多生活在亚洲国家的人们提供水分、抵御烈日。不过，鲜榨果汁等同生食，因大面积接触微生物而存在重大食品安全风险。因此，主管部门需要在各地推广落实巴氏杀菌和卫生措施，降低食品安全隐患（图2-12）。

2020年，果汁产业的销售收入高达232.7亿美元（Statista，2020d）。

全球果汁市场预计每年将增长6.3%（Statista，2020d）。

2019—2020年，全球橙汁产量约为162万吨，全球鲜橙产量约为4 606万吨（Statista，2020d）。

人们认为混合果汁和成品冰沙对营养有益，这两种饮品广受消费者青睐，是增长最快的非酒精饮料（Statista，2020e）。

图2-12　亚太地区果汁摊的部分数据

　　与其他食品摊贩一样，果汁摊位也应采取必要的卫生措施（FAO，2006）。措施包括：
　　① 使用干净的水和卫生设施。
　　② 定期洗手并清洁器皿和台面。
　　③ 适宜的储存温度。

思考要点

● 街头贩卖的鲜榨果汁若处于恶劣卫生条件之下，可能存在重大食品安全隐患。
● 为街头果汁商贩提供安全用水和卫生设施是确保产品安全的基础。
● 确保消费者知情、果汁商贩接受过良好卫生习惯培训，这两方面在确保街头贩卖的新鲜果汁安全方面发挥着积极作用。

粮农组织出版的《中小型果汁加工的原则和实践》（2001b）为读者介绍了果蔬汁加工的理论和实践经验，以及中小规模果汁加工的原则和实践。该书可在网上查阅，网址为：http://www.fao.org/3/y2515e/y2515e00.htm#toc/。

Ⓚ 知识评估（Knowledge assessment）

试想一下，如果人们能准确无误地判断食品是否安全，将会是怎样的一个世界呢？人们常说要提高食品安全意识，这一目标该如何达成呢？

对某一主题的知识评估通常能反映出对应群体的整体知识水平。对食品安全主题的知识评估，反映的就是消费者的知识水平。人们常说"大数据"如黄金般宝贵，事实也确实如此，数据的收集对于提升整体知识水平至关重要，况且目前的数据收集途径比以往任何时候都要更加丰富。在收集消费者的反馈意见时，使用信息技术和社交媒体，可以进一步提升传统社会学研究方法。得益于信息技术的应用，数据分析的应用面变得更加广泛，样本收集的速度也更快了（图2-13）。

采访	问卷调查	观察
文档和记录文件	小组讨论	口述历史

图2-13　社会科学中常见的数据收集方法

粮农组织制定了一份包含知识、态度和行为等模块的调查问卷，可应用于具体项目或配合实施干预举措，问卷的具体内容也可根据不同国家和当地情况进行调整。请在浏览器中打开该网址查看问卷：http://www.fao.org/economic/kap/。

- 无论是食品行业从业人员还是社会公众，都能从食品安全知识评估中受益。食品安全的相关知识会促使消费者青睐更加安全的食品。
- 针对特殊消费群体的食品安全知识评估很有必要，对高风险食品的了解能有效帮助儿童、老年人、孕妇、免疫力低下人群等弱势群体实现自我保护。即使部分农村地区的食物制备模式导致食品安全风险较高，弱势群体也能根据知识储备采取合适的预防措施。
- 公众需注意，掌握知识和改变行为很可能不会同步发生。真正地影响并改变行为需要采取长期的有效措施。

L　牲畜和饲料安全（Livestock and feed safety）

你知道吗？其实疯牛病、口蹄疫、二噁英毒素、霉菌毒素、大肠杆菌O157:H7污染，以及抗生素耐药性的发展，都与牲畜饲养有关。

饲料安全是食品安全和人类健康的前提，是动物健康和福利的必要条件，也是进出口贸易、经济增长和经济可持续性的重要组成部分。动物饲料在全球食品工业中占主导地位，对于畜产品中的肉类产品这种人们可负担的动物蛋白来说，安全饲料的供应是确保其可持续生产的最重要因素（图2-14）。

在许多国家，饲料生产价值链上的从业人员的知识和安全意识不足，无法保障饲料生产安全。即使在知识水平高、监管系统严密的国家和地区，也有许多非常规的不安全原料被用于饲料生产。

《食品法典》为各国政府提供了一份制定动物饲养规范、进行风险评估和确定饲料危害程度的指南。国际食品法典委员会就以上主题发表的文件已在网站上发布（FAO和WHO，2020a）。关于动物饲养规范的《食品法典》也可在线查看（FAO，2008b）。

全球复合饲料的年产量接近10亿吨。

全球饲料制造业年营业额超过3 700亿美元。

超过130多个国家和地区在生产或使用人工合成饲料。

饲料行业雇用了超过25万名工人、技术员、管理者和专业人员。

大约3亿吨饲料是在农场通过原料预混合的方法直接生产的。

图2-14 动物饲料小知识

资料来源：FAO和WHO，2022e。

思考要点

- 人类会食用动物源性食品，这也导致动物饲料中的有害毒素很可能对人类健康造成危害。
- 制定并实施饲料安全标准、行为准则和具体操作措施对食品安全极为重要。
- 饲料污染物数据的产生、收集和共享，有助于降低人类食品的污染风险。
- 在许多国家，提高防范意识和掌握实践知识可有效提高饲料价值链上所有参与者的饲料安全水平。
- 食品安全监管部门能有效监测非常规原料进入生产链的有关情况。
- 实施与《食品法典》相一致的饲料法规可以有效确保食品安全。

Ⓜ　粮食体系现代化（Modernization of food systems）

你能说出自己所在城市中所有农贸市场的名字吗？

你能找到附近所有的食品商贩吗？

如果你的答案是"不完全能"，这很可能就是一个食品安全隐患。不可否认，农贸市场和街头商贩在一定程度上承载着当地的历史、文化和传统，但是这些商贩的食品卫生问题着实令人担忧。此外，农贸市场与其他粮食体系一样，这种非正式经济体难以被食品安全监管部门管控。

如果想在非正式经济体和传统粮食体系中提高食品安全水平，我们需要提升体系内全体参与者的安全责任意识。仅依靠监管机构来管理整个粮食体系非常困难，应加强与主要利益相关者和消费者的沟通对话，他们往往能协助监管部门，共同维护食品安全（图2-15）。

亚太地区68%以上的就业人口在非正式经济体工作（ILO，2020a）。

全球共有20亿人口在非正式经济体就业，其中13亿人口集中在亚太地区（ILO，2020a）。

亚太地区94.7%的农业从业者属于非正式就业，该比例在南亚地区达到了99.3%。非正式就业在工业部门所占的比例（68.8%）高于服务部门（54.1%）（ILO，2020a）。

在生鲜市场购买食品时，食品新鲜度是消费者的首要关切（Zhong，2019）。

2019年，泰国街头小吃摊的市场价值有望达到约2.86亿泰铢（约1 000万美元）（Statista，2020f）。

图2-15　几种非正式的经济模式

思考要点

- 生活中常见的生鲜市场和街头小吃摊由于灵活的经营模式和管理机制，经常会产生食品卫生和生物安全问题。
- 保障食品市场和餐饮服务中的食品安全，关键在于良好的卫生设施和稳定干净的水源。在许多中低收入国家，改善以上两点能大幅度提高农贸市场和街头小吃摊的食品卫生水平。
- 营造有利于私人摊贩落实卫生措施的环境，有助于提高食品卫生水平。
- 食品安全主管部门可以为市场管理者和小商贩提供咨询服务，保障小商贩具备食品安全措施模板和检查清单，促进其对食品卫生状况的自查。与市场管理者和小商贩积极沟通，了解他们的需求和困难，有助于找到解决办法。

粮农组织致力于促进粮食体系可持续转型，为所有人提供安全和营养的膳食，同时不损害下一代人获得安全营养膳食的经济、社会和环境基础。在这一前提下，粮农组织与约翰斯·霍普金斯大学合作创建了一个"仪表盘"，收集有关本主题的各种信息（约翰斯·霍普金斯大学，2020）。

N 纳米技术（Nanotechnologies）

你知道吗？如果用纳米尺度观察黄金制品，黄金会呈现红色或紫色。纳米技术使用的材料像水分子一样小，且其特性往往与传统物理学规律相悖。

随着科技进步和纳米尺度的规则得到应用，纳米材料生产创新型产品成为可能，食品行业也迎来新的机遇。一些新型技术应运而生，包括净水系统、快速病原体检测系统、化学污染物检测系统和食品产业链中的纳米可再生能源技术。

人们惊叹于纳米技术的进步，同时也隐隐担忧纳米技术的安全性，包括其在食品包装、食品加工和食品测试中的应用。虽然纳米技术对人类健康的潜在影响尚不明确，但许多国家已经强调，要尽早考虑这些技术对食品安全的影响。在一次专家会议上，与会者一致认为可以对纳米技术在食品中的应用进行风险分析，定期评估其安全性（图2-16）。

2019—2023年，全球食品纳米技术的市场价值预计将增长至1 124.8亿美元。

2018年，食品纳米技术41%的市场份额源自亚太地区。

纳米技术的市场增长方向之一是该技术在营养品中的应用。

图2-16　食品纳米技术的发展趋势

资料来源：Technavio，2020。

思考要点

- 与传统材料相比，具有纳米级结构特征（1～100纳米）的材料可能具有不同的物理学特性。
- 粮农组织、世卫组织和国际食品法典委员会目前使用的风险评估方法适用于食品和农业产业中所使用的纳米材料。
- 开发人员发现了纳米技术在农业、水处理，以及食品生产、加工、保存和包装方面的巨大创新机遇，推动了纳米技术的广泛应用。
- 关于纳米技术在食品产业中的应用，在利益相关者之间开展透明的建设性对话至关重要。

　　粮农组织提出了纳米技术这一议题，并通过国际食品法典委员会制定了一份技术文件，题为"最新进展：农业和食品部门对纳米技术进行风险评估和风险管理的相关举措"（FAO和WHO，2013a）。该文件来源于2009年6月举行的关于纳米技术对人类健康潜在影响的专家磋商会议，即"纳米技术在农业和食品部门的应用：潜在的食品安全影响"。这次会议的最终报告（粮农组织，2010a）可在如下网址查阅：http://www.FAO.org/3/i1434e/i1434e00.pdf/。

O 有机农业与食品安全（Organic Agriculture and food safety）

见小册子6：《有机食品更安全吗？》

在你看来，有机食品比传统食品更安全吗？没有施用农药就代表食品是安全的吗？事实情况是，有机农业生产同样会用到农药，只不过用的是植物源农药，在使用植物源农药时需要与机械和种植方法相结合。有机的标签并不代表食品的绝对安全，有机只表明其生产考虑了环境和社会经济标准（图2-17）。

2000—2018年，有机食品的全球销售额增加了770亿美元（Statista，2020g）。

2017年，全球有近7 000万公顷的有机农场，其中仅在印度就有835家（Statista，2020g）。

2018年，有机食品的全球销售额接近1 000亿美元，较2000年的180亿美元增长了近6倍（Statista，2020g）。

有机食品产业的爆发性增长可能是由于消费者更加追求食品健康、营养价值、口味、新鲜度和环保（Shafie和Rennie，2009）。

图2-17 有机农业的发展趋势

思考要点

- 全球有机食品的销售额不断增长。
- "有机"和"安全"并不是同义词。"有机"是遵循特定标准种植作物的一种方式，而"安全"是食品生产和销售的基本要求。
- 食品安全主管部门可能会进一步增强食品安全监督措施，在现有有机认证程序中新增一项针对微生物和化学污染风险的检查。
- 有机食品行业可以组织多场论坛，探讨在有机农业产业中增加食品安全检查措施的可能性。

大量关于有机农业和有机食品消费的研究证实，大多数消费者认为有机食品更健康安全、更美味环保。

粮农组织实施了一个有机农业项目，通过增强成员在有机生产、加工、认证和营销方面的能力，促进提升其粮食安全、农村发展、可持续生计和环境整合水平。除此之外还有许多其他相关资源。

延伸阅读

- **FAO**，2020p．有机农业．http://www.fao.org/organicag/oa-faq/oa-faq1/en.
- **FAO**，2020q．有机农业出版物．http://www.fao.org/organicag/oa-publications/search-results/en.
- **FAO**，2020r．世界有机农业：统计数据和发展趋势．http://www.fao.org/agroecology/database/detail/en/c/1262695.
- **FAO**，2002a．有机农业、环境与粮食安全．http://www.fao.org/3/y4137e/y4137e00.htm.
- **FAO和WHO**，1999．有机生产的食品．http://www.fao.org/3/a1385e/a1385e00.pdf.

P　寄生虫（Parasitic diseases）

见小册子7：《食品中的寄生虫——看不见的威胁》

你知道吗？弓形虫病和蛔虫感染是最为常见的食源性寄生虫病。不过，关于寄生虫病的可靠数据非常有限。据估计，约有4 840万人患有寄生虫病，其中48%的病患属于食源性感染（Torgerson等，2015）。

许多人都知道，沙门菌和大肠杆菌等细菌会引起疾病。鲜为人知的是，寄生虫也能通过食物和水传播。有些寄生虫会引发轻症或慢性病，有的则能引发致命疾病（图2-18）。

在许多国家，防止人们感染食源性寄生虫是当地兽医部门和食品安全主管部门的职责。而在有的国家，寄生虫传播尚未得到有效控制。当地政府和农民很难发现寄生虫感染，原因之一是被感染的动物没有患病迹象。而且，如果动物感染寄生虫不会造成生产和收益损失，农民就会认为没有必要对寄生虫问题进行管控。因此，食品安全主管部门的监管作用尤为重要。

猪寄生虫：钩绦虫、旋毛虫、弓形虫。

淡水鱼寄生虫：华支睾吸虫、泰国肝吸虫。

淡水甲壳类动物寄生虫：并殖吸虫。

蔬菜、水和环境寄生虫：钩绦虫、弓形虫、细粒棘球绦虫、多房带虫、肝片吸虫、巨片吸虫、蛔虫、微小隐孢子虫、痢疾内变形虫、肠贾第虫。

图2-18　亚洲地区通过食物和水传播的主要寄生虫

思考要点

- 食源性寄生虫病可能引发急性和慢性健康问题。
- 寄生虫病病例的监测不足和严重漏报使当地政府和民众忽视了其风险。
- 开发并运用行之有效的食源性寄生虫监测方法，有助于更好地了解其传播途径，确定被寄生虫污染的食品，并掌握寄生虫监测的关键节点。
- 为民众和食品经营者制订培训计划和方案，有利于更好地实施降低食源性寄生虫风险的有关措施。

　　虽然大多数食源性寄生虫病暂时是无形风险，但其危害不容忽视。粮农组织和其他国际组织发布的材料可作为进一步研究该专题的参考资料（图2-19）。

猪肉绦虫

http://www.fao.org/3/ca9095en/CA9095EN.pdf.

http://www.fao.org/3/ca9094en/CA9094EN.pdf.

http://www.fao.org/3/ca9097en/CA9097EN.pdf.

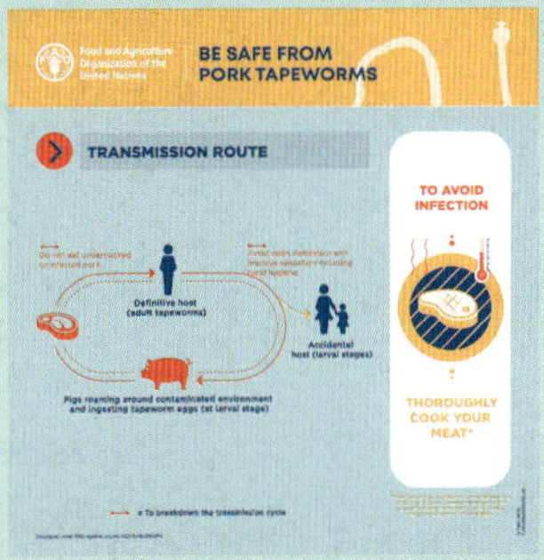

http://www.fao.org/3/ca9096en/CA9096EN.pdf.

鱼肝吸虫

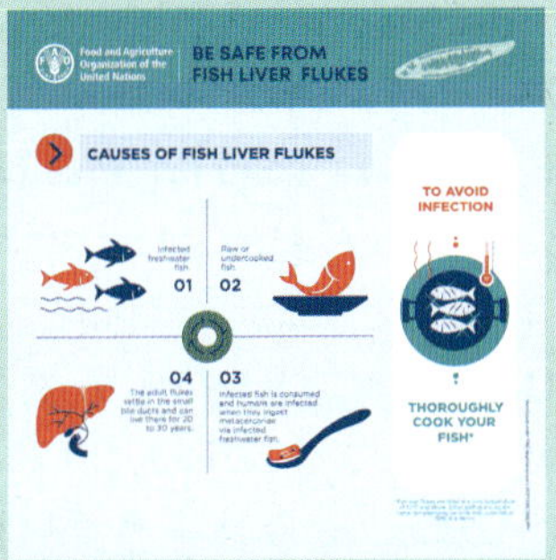

http://www.fao.org/3/ca9100en/CA9100EN.pdf.

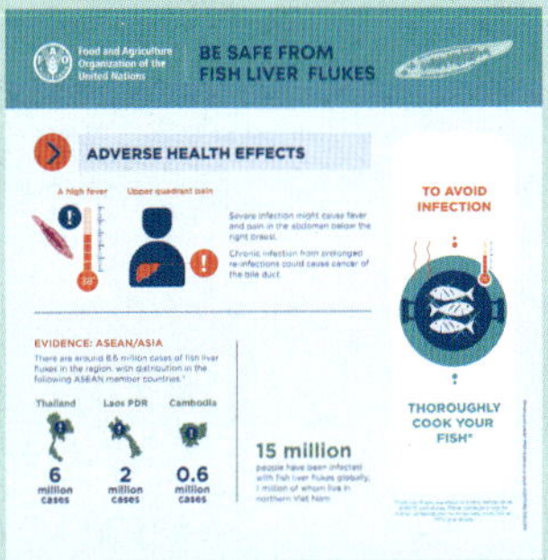

http://www.fao.org/3/ca9098en/CA9098EN.pdf.

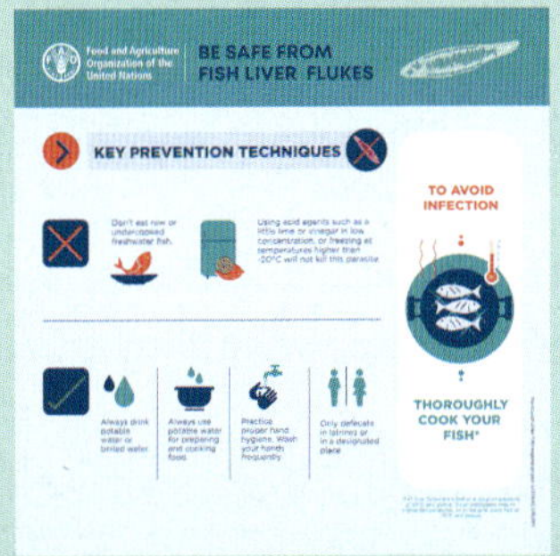

http://www.fao.org/3/ca9093en/CA9093EN.pdf.

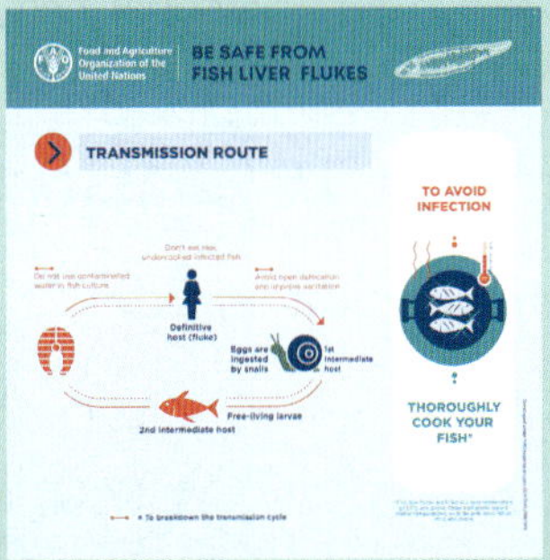

http://www.fao.org/3/ca9101en/CA9101EN.pdf.

图2-19 猪肉绦虫和鱼肝吸虫风险参考资料

延伸阅读

- **FAO**，2020s．食品安全与质量：食源性寄生虫．http://www.fao.org/food/food-safety- quality/a-z-index/foodborne-parasites.
- **FAO**，2020t．远离鱼肝吸虫风险．http://www.fao.org/3/ca9100en/CA9100EN.pdf.
- **FAO**，2020u．远离猪肉绦虫风险．http://www.fao.org/3/ca9095en/CA9095EN.pdf.
- **FAO和WHO**，2014．基于多标准的食源性寄生虫风险管理排名．http://www.fao.org/3/a-i3649e.pdf.
- **FAO**，2013b．重点关注：食源性寄生虫——风险管理排名．http://www. fao.org/fileadmin/user_upload/agns/pdf/ ParasiteHighlight3.pdf.
- **FAO**，2013c．肉品中旋毛虫的风险概况．http://www.fao.org/fileadmin/user_upload/agns/pdf/Foodborne_parasites/RiskProfTrichinellaOct2013.pdf.
- **FAO**，2013d．家养肉牛中牛梭虫病的风险概况．http://www.fao.org/fileadmin/user_upload/agns/pdf/Foodborne_parasites/RiskProfTaeniasaginataOct2013.pdf.
- **FAO和WHO**，2013c．肉品中旋毛虫和牛带绦虫的风险管控实例．http://www.fao.org/fileadmin/user_upload/agns/pdf/Foodborne_parasites/Risk-based_Control_Trich_and_Taenia_17June_Eng.pdf.
- **FAO，OIE和WHO**，2020a．食源性寄生虫感染：旋毛虫．http://www.fao.org/3/cb1206en/cb1206en.pdf.
- **FAO，OIE和WHO**，2020b．食源性寄生虫感染：绦虫病和囊虫病．http://www.fao.org/3/cb1129en/cb1129en.pdf.
- **FAO，OIE和WHO**，2020c．食源性寄生虫感染：片吸虫病（肝片吸虫）．http://www.fao.org/3/cb1127en/cb1127en.pdf.
- **FAO，OIE和WHO**，2020d．食源性寄生虫感染：囊型包虫病和泡型包虫病．http://www.fao.org/3/cb1128en/cb1128en.pdf.
- **FAO，OIE和WHO**，2020e．食源性寄生虫感染：牛梭虫病和后睾吸虫病．http://www.fao.org/3/cb1208en/cb1208en.pdf.

Q　食品质量与安全（Quality and safety of food）

你知道吗？大多数消费者会根据新鲜度、口感和外观来选择食品（Petrescu，2019）。例如，中国的一项研究表明，消费者将食品新鲜度，即"即时性"作为食品采购的关键指标（Zhong等，2019）。

目前市场上所流行的安全需求包括浓缩果汁含水量、含糖量及其他固体成分等。食品行业除了要强调产品自身的安全性与预期产品用途外，还要关注消费者的关注点及期望值，这些都需要制定相应的标准（图2-20）。

欧洲一项调查显示，消费者愿意为有食品质量标签的食品支付更多费用（Velčovská和Del Chiappa，2015）。

欧洲联盟（简称欧盟，EU）的食品质量计划与食品的地理来源相联系，旨在保护特定产品的名称，以宣传其独特性（欧盟委员会，2020）。

亚太地区消费者对健康产品的需求与日俱增。澳大利亚的碳酸饮料消费预计将下降2.5%，而在中国，预计消费者对健康饮料的需求将超过碳酸饮料。同时，果汁和瓶装水的消费将分别增加42.5%和59.3%（The Economist，2013）。

图2-20　食品质量标签小知识

消费者在选择时更加注重食品质量；然而，食品质量与食品安全往往不会被联系在一起，这可能会导致两个概念之间的界限模糊。食品安全指的是所有可能损害消费者健康的食品危害，包括慢性和急性危害，这是没有商量余地的。食品质量则包括所有影响消费者对产品价值认知的其他属性。

食品控制的首要责任在于保护消费者免受不安全、不纯净和伪劣食品的侵害。同时，质量标签可以阐明并突出当地产品的独特性，从而对农村发展做出重要贡献，这也是进一步促进食品安全的重要契机。粮农组织正在实施"质量和原产地计划"，将产品与原产地相关联，以促进产品质量提升，推动农村地区发展[①]。

---

① 　获取更多信息，请访问：http://www.fao.org/in-action/quality-and-origin-program/。

® 生食消费（Raw food consumption）

怎样选择生食才能吃得放心？专家经常建议食用熟食以降低食物中毒风险，但生食作为一种长期存在的饮食习惯，与传统和文化息息相关。

除此之外，生食消费也是一项运动，可称之为"生食主义"，指食用未经烹饪（或大部分未经烹饪）和未加工食物的饮食习惯（图2-21）。

截至2016年，韩国生食批发销售额预计约565.8亿美元（Statista，2020）。

目前，生食消费的有关数据仍然非常有限。

寿司最早在日本弥生时代传入日本（Lee等，1993）。

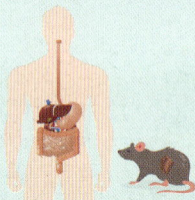

研究表明，食用生食会导致鼠类和人类肠道菌群的显著变化（Carmody等，2019）。

图2-21 生食消费小知识

未经加工的生食（包含肉类和蔬菜）可能带来食物污染和食物中毒风险。尽管各方专家建议避免食用生食，以减轻食物中毒风险，但这与亚太地区的传统饮食文化相悖。

粮农组织致力于促进粮食安全、粮食体系转型和农村发展。为确保考虑到所有因素，粮农组织推广的食品安全措施也适用于生食。其中，提升消费者和食品经营者的思想意识是关键一环。

思考要点

- 生食往往会大面积接触微生物，总体来说，食用生食可能增加食品安全风险。
- 在制定监管规则和举措时，还需要考虑生食消费的传统文化等因素。
- 向消费者和食品加工者提供有关生食风险的准确信息至关重要。
- 养成良好的卫生习惯是极其必要的，应向所有参与食品生产、预制加工与制备的人群科普相关知识。

延伸阅读

- **FAO**，2017a．食品处理手册：学生用书．http://www.fao.org/3/I7321EN/i7321en.pdf.
- **FAO**，2017b．食品处理手册：教员用书．http://www.fao.org/3/I5896EN/i5896en.pdf.
- **FAO**，2016e．食品安全风险交流手册．http://www.fao.org/3/a-i5863e.pdf.
- **FAO**，2009．在非洲制备、销售街头食品的良好卫生做法．http://www.fao.org/3/a-a0740e.pdf.

S 《食品法典》标准（Standards-Codex Alimentarius）

你知道吗？欧洲有20个食品安全保障体系，这些非强制性的标准由食品行业制定出台，旨在对各种食品实施标准化管理。

尽管食品安全标准覆盖了欧洲约80%的食品生产，但消费者仍难以选出称心如意的产品，因为这些标准在措施、文本、透明度、管控和标识方面存在差异（Savov 和 Kouzmanov，2014）。食品行业和食品标准小知识见图2-22。

世界贸易组织（WTO）将《食品法典》标准作为解决食品贸易争端的基础依据。

1995—2020年，共有49起食品贸易争端属于《实施动植物卫生检疫措施的协议》（SPS协议）管理范畴。

共有188个国家和一个成员组织（欧盟）听取了科学的建议，围绕有关食品安全与质量的各个领域进行谈判；这些《食品法典》标准保障了食品安全性，确保了食品的可交易性。

第一届国际食品法典委员会会议于1963年召开。

图2-22　食品行业和食品标准小知识

　　《食品法典》由国际食品法典委员会发布，汇集了食品行业的标准、准则和操作规范。国际食品法典委员会是粮农组织与世卫组织联合食品标准计划的核心部分，由粮农组织和世卫组织共同建立，旨在保护消费者健康，促进食品贸易公平。

　　国际食品法典委员会在亚洲的主要目标是促进亚洲成员之间的相互交流，并为部分食品制定区域标准。在太平洋地区，国际食品法典委员会重点支持各国基于《食品法典》进行食品安全立法，促进基于风险的食品检查，并与各国食品监管部门共同研究如何预防和控制非传染性疾病、微量营养素缺乏症等问题。

　　粮农组织支持其成员制定和实施食品安全标准。多年来，粮农组织开展了许多项目，例如，支持东南亚国家联盟（简称"东盟"，ASEAN）成员制定和实施国际食品安全标准的能力建设活动。该项目于2007年启动，目前仍在实行中。该项目促进了文件、指南和案例研究的发展，并全面提高了食品安全管控和数据生成能力。

- **FAO和WHO**，2020a.《食品法典》. http://www.fao.org/fao-who-codexalimentarius.
- **FAO和WHO**，2020b.《食品法典》：关于法典关键领域工作的介绍. http://www.fao.org/fao-who-codexalimentarius/thematic-areas.
- **FAO和WHO**，2020c.《食品法典》：亚洲区域法典委员会. http://www.fao.org/fao-who-codexalimentarius/committees/codex-regions/ccasia/about.
- **FAO和WHO**，2020d.《食品法典》：北美及西南太平洋协调委员会. http://www.fao.org/fao-who-codexalimentarius/committees/codex-regions/ccnaswp/about.

延伸阅读

T 流行食品（Trendy foods）

当今，你所在国家最流行的食品是什么？

流行食品是指当下广受消费者青睐的食品和饮料（图2-23）。在新式饮食习惯或食品概念的驱动下，流行食品应运而生。这种"新食尚"体现了人们对健康食品的偏爱和对新食物概念的好奇，也可能受社交媒体推介或时尚潮流的影响（北京晚报，2019）。

目前尚未有关于流行食品的市场报告。

2012—2016年，东南亚地区自称素食主义者的人数增加了140%；同时，针对该地区新推出的食品和饮料，自称严格素食主义者的人数增加了440%。

图2-23 什么是流行食品？

虽然食品消费趋势变化万千，且大多与文化及地理因素息息相关，但有些流行食品的相关做法却未必安全。例如，近年来，中国出现了多起与"新食尚"相关的食品安全问题：

- "双蛋黄雪糕"三次抽检发现微生物超标（中国小康网，2019）。
- 此类食品所含物质和制作方法存在潜在危险，如使用液氮生产"冒烟冰激凌"会导致冻伤等（北京晚报，2020）。
- 虚假新闻也是主要问题之一。例如，"蜂窝蛋糕"的制作成分中包含竹炭粉，宣称可吸收有害物质，具有排毒养颜效果，但却始终未经科学证实（中国小康网，2019）。

思考要点

- 消费者选择食物时，会在一定程度上会受到某些食物或饮食营销和宣传的影响。
- 食品消费的趋势对食品安全有一定影响。例如，生食的流行应当引发对食品安全的关注，因为烹调加热对降低食品中潜在的致病微生物风险十分关键。
- 密切关注有关流行食品的新闻和信息，有助于发现可能发生的食品安全危害并评估其风险。

Ⓤ 城市粮食体系（Urban food systems）

你知道吗？亚洲有50.9%的人口生活在城市地区。食物经过长途运输后会造成污染和浪费。随着越来越多的人选择在城市生活，如何能在保护环境的同时，为每个人提供安全且有营养的食物呢？

到2050年，预计全球将有70%的人口在城市生活，这将会给粮食体系带来巨大挑战。城乡粮食体系旨在通过城市与城郊农业共同养活城市人口，这就要求在家庭层面和公共层面，保障卫生设施和安全食品的获取。

2001年，粮农组织发起了一项有关"城市粮食"的多学科倡议，旨在建立更加可持续、更具抵御力的粮食体系，以应对城市化给城乡人口以及环境带来的挑战。

思考要点

- 据统计，到2050年，70%的全球人口将成为城市人口，这将导致社会经济环境和粮食营养安全的前景发生本质变化。
- 特大城市将面临以下挑战：环境卫生问题，水资源短缺与污染，食物变质、浪费及中毒风险，以及破损食品的运输、储存、加工、制备和分发问题。
- 了解城市人口变化、贫困程度和消费者行为模式，有助于提升食品安全相关问题的风险抵御能力。
- 政府部门与价值链参与者展开合作，有助于更好保障城市食品安全。安全食品供给是全社会的共同责任，普及该意识至关重要，有利于加强对建立国内安全食品市场基础设施的有效投资。

延伸阅读

- **FAO**，2020v．城市粮食倡议．http://www.fao.org/fcit/fcit-home/en.
- **FAO**，2020w．城市区域粮食体系方案．http://www.fao.org/in-action/ food-for-cities-programme/en.
- **FAO**，2020x．城市区域粮食体系方案工具实例．http://www.fao.org/3/i9255en/I9255EN.pdf.
- **FAO**，2020y．改善农村与城市的联系：建立可持续的粮食体系[视频]．https://www.youtube.com/watch?v=DJgMzxUTx2U.

Ⓥ 食品中的病毒（Viruses in food）

2007年，在欧盟关于食源性疾病的所有报告中，近12%的案例为病毒致病案例（EFSA，2011）。美国和澳大利亚的电话调查也表明，该类疾病十分常见，但发展中国家尚未发布相关数据。

病毒学是一门复杂的学科。至少有10个病毒家族被证实与食源性疾病有关。食源性疾病还能进一步引发其他疾病，如自限性腹泻病、可导致住院的严重肝病等。与病毒相关的食源性疾病广泛存在，估算其疾病负担[①]的最佳方法对于引起胃肠炎的病毒也同样适用（图2-24）。

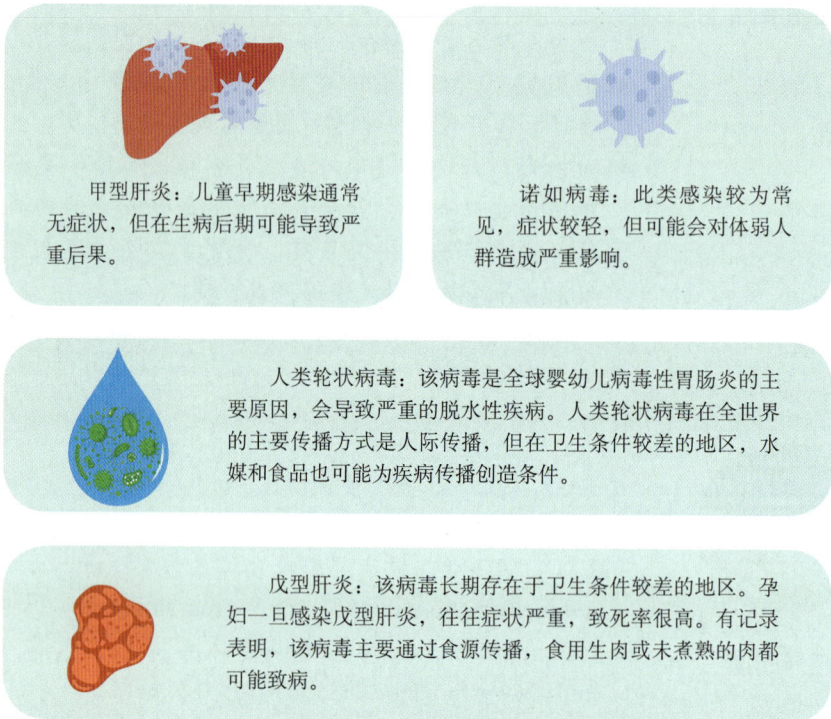

甲型肝炎：儿童早期感染通常无症状，但在生病后期可能导致严重后果。

诺如病毒：此类感染较为常见，症状较轻，但可能会对体弱人群造成严重影响。

人类轮状病毒：该病毒是全球婴幼儿病毒性胃肠炎的主要原因，会导致严重的脱水性疾病。人类轮状病毒在全世界的主要传播方式是人际传播，但在卫生条件较差的地区，水媒和食品也可能为疾病传播创造条件。

戊型肝炎：该病毒长期存在于卫生条件较差的地区。孕妇一旦感染戊型肝炎，往往症状严重，致死率很高。有记录表明，该病毒主要通过食源传播，食用生肉或未煮熟的肉都可能致病。

图2-24　主要的食源性病毒

资料来源：FAO 和 WHO，2008。

新型感染的出现总会引发公众对其食源性传播的担忧，且这种担忧往往很难消除。为了澄清新冠病毒不是食源性传播的病毒，粮农组织与三家伙伴组织通力合作，制作了一系列信息宣传图，并带有"目前未有证据表明新冠病毒会通过食物传播"的文字，如图2-25所示（见：http://www.fao.org/3/ca9174en/ca9174en.pdf）。查看更多相关信息宣传图，请访问：http://www.fao.org/ asiapacific/resources/2019-ncov-asiapacific/。

① 译者注：疾病负担以损失的健康寿命时间作为基本单位（通常为人年），测量死亡、患病或伤残，及危险因素导致的人群健康损失。[资料来源：《中国大百科全书》（第三版）]

目前未有证据表明新冠病毒会通过食物传播。请享用食物以保持身心健康。

图2-25 信息图示例

工业加工食品并非病毒暴发的主要原因，许多病毒暴发的源头是人工处理的食品。因此，个人卫生在预防食源性病毒疾病方面起着决定性作用。如果病毒在食品预处理过程中就已经存在，那么加工后的食品也必然存在传染性，因此生产操作的卫生条件应得到重视。如果加工后的食品，尤其是冷藏食品中存有病毒，则病毒会在食物中留存一段时间（Koopmans和Duizer，2004）。

在国际层面上，国际食品法典委员会正在研发不同类型的风险管理工具，助力各国保护消费者健康，使其免受食源性病毒疾病的影响。粮农组织和世卫组织于2007年5月召开了一次关于食品病毒的专家会议，会议报告可在网上查阅。更多信息可在如下网站获取：http://www.fao.org/3/a-i0451e.pdf。

思考要点

- 在已知的22种人类感染的病毒中，至少有10种病毒可以通过食物传播。
- 在许多国家，常见食源性病毒的流行病学监测或是缺失缺位，或是尚不完善。因此现有数据不足以估算由食源性病毒引起的疾病比例。
- 为提高对食品中病毒存在情况的调查能力，应加强与学术界的合作并应用分子检测方法。
- 尚未具备有效食品控制系统的国家，应加强与区域及全球中心、网络的合作，开展食源性病毒检测。

Ⓦ 全基因组测序（二代测序）[Whole genome sequencing（next generation sequencing）]

食品更新换代的步伐不曾停下。代餐饮料、3D打印的意大利面、实验室里培养的肉制品……这些新食品代表了当下食品发展的部分方向。变的是食品，不变的是保障食品安全的必要性。

当食源性疾病发生时，政府卫生和农业部门的官员需要总结病例共性，与私营企业合作，共同确认病毒来源。尽管新型科学工具能使病毒溯源更高效快捷，但该过程仍是困难重重。这里不得不提到一项重大科学进展——全基因组测序（WGS），这是一项遗传信息读取技术，有可能揭开独特的基因序列，进而识别出特定微生物。每种微生物及毒株所拥有的DNA序列都是独一无二的，因此能把DNA作为像"指纹"一样的独特特征来精确追踪病原体，这在过去是无法实现的（图2-26）。

对于多成分食品，全基因组测序有助于精准锚定造成感染的成分。假设你在食用一个鸡蛋后生病了，那么鸡蛋就是致病原因。但如果你在食用乳蛋饼后生病了，该如何确认致病原因呢？是鸡蛋、黄油、牛奶还是其他成分？相较于传统方法，全基因组测序可以更准确地检测出是哪种特定成分携带了病原体。

全基因组测序可以确定污染来源，了解食品在食品链的哪个环节受到了污染，避免草率地向餐馆或其他企业追责。

全基因组测序有助于确定具体的疾病类型。当疫病暴发时，很难确定不同患者的病因是否相同，这点对于跨地区暴发而言尤为困难。全基因组测序则有助于确定病原体以及其引发的疾病类型。

全基因组测序有利于梳理多国病情之间的联系。实现多国共享全基因组测序数据十分重要，有助于有关部门在食源性疾病暴发后迅速采取行动，阻止疾病进一步扩散。

图2-26　全基因组测序与食品安全

全基因组测序技术具有普适性，全球数据共享能使各国真正从中受益。然而，尽管该技术的成本不断降低，仍有国家不具备该技术的使用能力，特别是在欠发达国家，实验室基础设施和全基因组测序技术的分析能力较为匮乏。鉴于此，应建立起一个全球性承诺，即向所有国家提供全基因组测序技术，以健全全球和当地的食品安全体系，使全基因组测序成为所有国家均能使用的有效工具。粮农组织为发展中国家的非正式网络提供便利条件，以促进全基因组测序技术共享、食品安全管理，以及信息、知识和经验分享。

思考要点

- 在全球范围内，有超过22个国家经常运用全基因组测序技术进行国家级食品安全管理。
- 为促进全基因组测序技术在食品安全管理中的应用，应建立全球全基因组测序食源性病原体数据库。
- 从长远来看，生物信息学等教育课程或能为全基因组测序技术的使用带来显著优势。
- 尽管全基因组测序技术初期需要巨额投入，但是对于在微生物学方面实力较弱的国家而言，该技术是一项战略选择，应尽早在国家食品控制系统中加以应用。

延伸阅读

- FAO，2021. 全基因组测序（WGS）和食品安全. http://www.fao.org/food/ food-safety-quality/a-z-index/wgs.
- FAO，2020z. 全基因组测序在食品安全管理中的应用. http://www.fao.org/3/a-i5619e.pdf.
- FAO，2020aa. 食品安全和质量：全基因组测序（WGS）与食品安全. http://www.fao.org/food-safety/scientific-advice/crosscutting-and-emerging-issues/wgs.

X 食品安全专家（eXperts on food safety）

您是否曾经尝试寻找食品安全领域的专家，但未能成功？食品安全的变化日新月异，许多食品安全问题可能涉及不同的领域。

当今世界充斥着海量的信息，想要找到特定领域的专家确实困难，这也是领域内分工协作的意义所在。例如，各国可以共同努力提高技术能力，取长补短以节省成本（图2-27）。

肯尼亚、乌干达和赞比亚曾试图建立一个合作机制，以评估转基因食品的安全性。它们首先举办了培训会和研讨班，然后梳理明确了三个国家面临的共同问题，随即建立了共同的专家名册，并合作开展了风险评估。

澳大利亚和新西兰开展了一个试点项目，共同对转基因食品进行上市前评估。它们首先建立了信任机制，然后分工开展评估工作，共享工作成果，共同完成了转基因食品上市前的评估工作。

不丹与阿根廷、澳大利亚开展合作，改进该国对转基因风险的沟通策略，优化了其对转基因食品安全性的评估方式。这项合作是在粮农组织的协调下进行的。

图2-27　粮农组织成员间的合作案例

资料来源：FAO，2019b。

关于食品安全问题，你能想到亚太地区国家与其他国家进行类似合作的例子吗？粮农组织可以发挥双重作用，既可以支持成员之间开展合作，也可以为某一国家提供科学可靠的建议。如果想了解粮农组织关于食品安全和质量方面的科学建议，可访问：http://www.fao.org/food-safety/scientific-advice/。

- 粮农组织/世卫组织食品添加剂联合专家委员会（自1956年起开展活动）
- 粮农组织/世卫组织农药残留联席会议（自1963年起开展活动）
- 粮农组织/世卫组织微生物风险评估联席专家会议（自2000年起开展活动）
- 粮农组织/世卫组织农药规格联席专家会议（自2002年起开展活动）
- 粮农组织/世卫组织营养联席专家会议
- 特设临时专家磋商会议，以解决具体问题或紧急情况

粮农组织
提供科学建议的工作机制

资料来源：FAO，2020b。

Y 青年与食品安全（Youth and food safety）

试想一下，10年、20年、30年后的食品安全将会怎样？

也许在揭秘新的科学原理后，人类会发明更新现有技术；不过，未来技术也可能与现有技术大同小异。在未来，人们有能力解决现有和那时的食品安全问题吗？

亚太地区拥有全球最多、最年轻的人口。一方面，这些年轻人身为消费者，需要食品安全教育；另一方面，他们是未来食品安全的参与者（图2-28）。因此，食品安全管理部门需要特别关注这一特点，采取行动来促进教育公平、降低失业率、鼓励更多公民参与其中（麦肯锡政府中心，2014）。

为应对不断变化的食品安全状况，应必备哪些技能和知识？一些政府已经开始向幼儿教授食品安全和卫生措施的相关知识。

- 美国四健会（4-H Club）是一个青年发展组织，致力于帮助年轻人及其家人获取所需技能，从而成为社区的建设性力量。该组织旨在解决包括食品安全在内的各种问题。在独特的公私伙伴关系的领导下，美国四健会由大学、联邦和地方政府机构、基金会和专业协会组成，并由美国国家农业合作推广体系和美国农业部建立（美国四健会，2020）。

- 中国政府实施了部分举措，包括向青年学生传授食品安全知识，使他们在回家后还能将知识教给父母。例如，深圳市龙华区的"食品安全月"和山东省东营市的"食品安全促进周"便有效落实了该项工作。

亚太地区拥有全球60%的青年
（15～24岁）人口（UNESCAP,
2015）。

青年约占总人口比例的19%
（UNESCAP, 2015）。

2020年，亚太地区青年失业率约
为14.1%，其中有86.3%的失业青年
从事非正式工作（ILO, 2020b）。

2020年，亚太地区失业青年中约
24.4%的人未曾接受过教育或培训，
而全球平均水平则为22.3%（ILO,
2020b）。

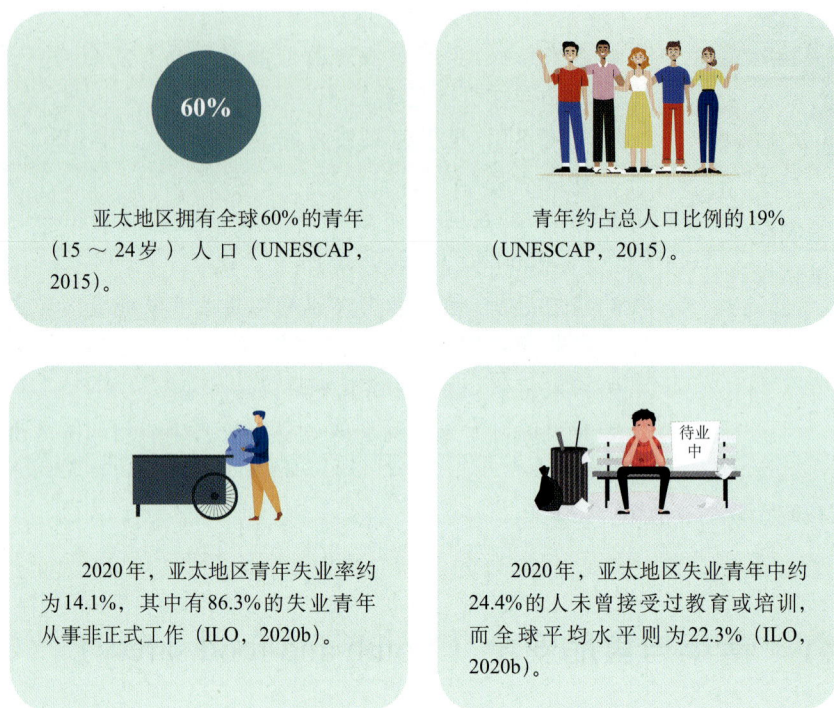

图2-28　亚太地区青年相关数据

思考要点

- 亚太地区拥有全球60%的青年人口（UNESCAP,
  2015）。
- 一些针对在校儿童的食品安全教育方案颇有成效，
  对儿童父母掌握食品安全知识产生了积极影响。
- 有针对性的食品安全教育课程可以增加未来食品安
  全专业人员的数量，提高其食品安全专业能力。
- 食品安全领域需要创新力量，青年往往以技术为导
  向，在食品安全领域提出有价值的见解。
- 政府和学术界之间的合作有助于释放青年改善食品
  安全的潜力，而青年是实施食品安全教育计划的战
  略重点。

食品安全——听到更多青年的声音

为创造性地扩大青年在食品安全方面的影响，粮农组织亚太区域办事处为该地区30岁以下的年轻人组织了一场多媒体比赛。参赛人员提交了与食品安全相关的海报、视频和照片，并就食品安全主题提出创新观点。该比赛于2020年4月20日启动，8月31日结束。所有在2020年5月31日之前提交并通过筛选的获奖作品，都在粮农组织亚太区域办事处的官方推特、微博和微信上发布。获奖作品都被收录在"食品安全——青年之声：粮农组织青年食品安全大使海报、照片和视频制作大赛"的小册子中，也可在如下网址查阅：http://www.fao.org/3/cb2871en/cb2871en.pdf/。

Ⓩ 人畜共患病与食品安全（Zoonosis and food safety）

你知道吗？三种主要的食源性病原体都是人畜共患病。

弯曲杆菌属、沙门菌属和产志贺毒素大肠杆菌（O157：H7）可从脊椎动物传染到人体，是臭名昭著的食源性病原体。布鲁氏菌病和李斯特菌病也可以由动物传染给人类，尤其是通过受污染的食物进行传染，在某些情况下还能通过与动物活体或被屠宰的动物接触进行传染（图2-29）。

在禽流感最严重的时期，中国鸡肉产量减少了1/3以上。

2009年，越南家禽年存栏量中12%的家禽未能存活。

过去10年，由人畜共患病导致的直接损失约为200亿美元，间接损失超过2 000亿美元。

如果投资18亿～45亿美元进行预防，每年可避免300亿～600亿美元的损失。

图2-29　人畜共患病与食品安全的相关数据

资料来源：ADB，2020。

粮农组织、动卫组织和世卫组织认识到，若要消除人-动物-生态系统交互层面的健康风险，需要各方参与者之间建立强有力的伙伴关系，尽管各方的观点和资源不尽相同。三个组织已经确定了一些优先领域，以开发应对人畜共患病的新方法（FAO、OIE和WHO，2010f），主要包括如下几点：

① 使数据获取更为便利，扩大数据的使用范围。

② 与非传统合作伙伴加强合作，改进现有的监管系统。

③ 全面考虑生态系统的各个要素及其相互影响，理清其作用机理。

④ 开发并使用相关诊断工具，以便对新出现的疾病进行早期和实地检测。

⑤ 加强宣传，提高公众和利益相关者的参与程度。

⑥ 基于国家层面的需求、跨部门培训、多学科教育途径等开展能力建设。

⑦ 充分考虑各方利益，多采取跨部门的协作措施。

3 总 结

　　食品安全话题错综复杂。本书仅列举了一些与当代食品安全相关的主题，希望能够启发读者思考，鼓励读者对本国国情进行分析研究。本书为每个主题提供了粮农组织主要出版物清单。

　　本书对"食品安全工具包"予以介绍。该工具包既包括经典主题，也包括当代的具体问题，由以下小册子组成：

1. 《亚太地区食品安全简易指南：食品安全工具包入门读物》
2. 《后院散养和屠宰：传统不失安全》
3. 《食品安全关乎全球利益：东盟国家的具体案例》
4. 《食物过敏：不让任何一个人掉队》
5. 《食品欺诈：意图、检测与管理》
6. 《有机食品更安全吗？》
7. 《食品中的寄生虫：看不见的威胁》
8. 《遏制超级细菌：立法和抗生素耐药性》
9. 《衡量食品安全：实现可持续发展目标（SDGs）的指标》
10. 《实践共同体：亚太地区法典通讯录》

　　粮农组织将继续在食品安全领域为各成员提供协助，并为有意改善食品安全的国家提供参考资料，以供其轻松查阅。

4 文献资料

4.1 粮农组织参考文献

FAO. 2000. FAO statement on biotechnology. In: *FAO Biotechnology.* Rome. [Cited 12 June 2020]. http://www.fao.org/biotech/fao-statement-on-biotechnology/en.

FAO. 2001a. Overview on food allergies – In: *Evaluation of Allergenicity of Genetically Modified Foods Report of a Joint FAO/WHO Expert Consultation on Allergenicity of Foods Derived from Biotechnology 22–25 January 2001* [online]. Rome. [Cited 6 July 2020]. http://www.fao.org/3/y0820e/y0820e04.htm#bm04.

FAO. 2001b. Principles and practices of small- and medium-scale fruit juice processing. In: *FAO* [online]. Rome. [Cited 5 October 2020]. http://www.fao.org/3/y2515e/y2515e00.htm#toc.

FAO. 2002. Organic agriculture, environment and food security. In: *FAO* [online]. Rome. [Cited 18 September 2020]. http://www.fao.org/3/y4137e/y4137e00.htm.

FAO. 2008a. Abattoir development: Options and designs for hygienic basic and mediums-sized abattoirs. [online]. Rome. [Cited 6 October 2020]. http://www.fao.org/tempref/docrep/fao/010/ai410e/ai410e00.pdf.

FAO. 2008b. The Codex code of practice on good animal feeding. In: *FAO* [online]. Rome. [Cited 9 October 2020]. http://www.fao.org/3/i1379e/i1379e06.pdf.

FAO. 2009. Good hygienic practices in the preparation and sale of street food in Africa. In: *FAO* [online]. Rome. [Cited 11 October 2020]. http://www.fao.org/3/a-a0740e.pdf.

FAO. 2010. FAO/WHO expert meeting on the application of nanotechnologies in the food and agriculture sectors: Potential food safety implications. In: *FAO* [online]. Rome. http://www.fao.org/3/i1434e/i1434e00.pdf.

FAO. 2011. Good emergency management practice: The essentials. In: *FAO* [online]. Rome. [Cited 5 October 2020]. http://www.fao.org/3/a-ba0137e.pdf.

FAO. 2013a. FAO GM Foods Platform. In: *FAO Food safety and Quality. Rome.* [Cited 12 June 2020]. http://www.fao.org/gm-platform.

FAO. 2013b. Highlights: Foodborne parasites – Ranking for risk management. In: *FAO Food Safety and Quality* [online]. Rome. [Cited 18 September 2020]. http://www.fao.org/fileadmin/user_upload/agns/pdf/ParasiteHighlight3.pdf.

FAO. 2013c. Summary risk profile on Trichinella in meat. In: *FAO Food Safety and Quality* [online]. Rome. [Cited 18 September 2020]. http://www.fao.org/fileadmin/user_upload/agns/pdf/Foodborne_parasites/RiskProfTrichinellaOct2013.pdf.

FAO. 2013d. Summary risk profile on *C. bovis* in meat from domestic cattle. In: *FAO Food Safety and Quality* [online]. Rome. [Cited 18 September 2020]. http://www.fao.org/fileadmin/user_upload/agns/pdf/Foodborne_parasites/RiskProfTaeniasaginataOct2013.pdf.

FAO. 2016a. Strengthening veterinary diagnostic capacities: the FAO laboratory mapping tool. In: *FAO* [online]. Rome. [Cited 5 October 2020]. http://www.fao.org/3/a-i5439e.pdf.

FAO. 2016b. Risk communication applied to food safety – Handbook. In: *FAO* [online]. Rome. [Cited 5 October 2020]. http://www.fao.org/3/a-i5863e.pdf.

FAO. 2016c. Handbook on food labelling to protect consumers. In: *FAO* [online]. Rome. [Cited 7 July 2020]. http://www.fao.org/3/a-i6575e.pdf.

FAO. 2016d. Risk based imported food control manual. In: *FAO* [online]. Rome. [Cited 8 November 2020]: http://www.fao.org/3/a-i5381e.pdf.

FAO. 2016e. Risk communication applied to food safety handbook. In: *FAO* [online]. [Cited 11 October 2020]. http://www.fao.org/3/ai5863e.pdf.

FAO. 2016f. An INFOSAN meeting on regional perspectives of food science developments in Asia. [slideshare]. [Cited 12 June 2020]. https://www.slideshare.net/LeeGheeSeow/new-science-for-food-safetysupporting-food-chain-transparency-for-improved-health.

FAO. 2016g. Strengthening veterinary diagnostic capacities: The FAO laboratory mapping tool. In: *FAO* [online]. Rome. [Cited 5 October 2020]. http://www.fao.org/3/a-i5439e.pdf.

FAO. 2017a. Food Handler's Manual: Student. In: *FAO* [online]. Rome. [Cited 11 October 2020]. http://www.fao.org/3/I7321EN/i7321en.pdf.

FAO. 2017b. Food Handler's Manual: Instructor. In: *FAO* [online]. Rome. [Cited 11 October 2020]. http://www.fao.org/3/I5896EN/i5896en.pdf.

FAO. 2018a. *World livestock: Transforming the livestock sector through the Sustainable Development Goals.* Rome. 222 pp. Licence: CC BYNC-SA 3.0 IGO.

FAO. 2018b. Family farming in the Pacific Islands countries – Challenges and opportunities. In: *FAO* [online]. Rome. http://www.fao.org/3/ca0305en/CA0305EN.pdf.

FAO. 2018c. Ensuring the safety of imported food – Current approaches for imported food control in Myanmar, Nepal, the Philippines and SriLanka. In: *FAO* [online]. Bangkok. [Cited 8 November 2020]. http://www.fao.org/3/ca0286en/CA0286EN.pdf.

FAO. 2019a. FAO GM Foods Platform: Are we effectively evaluating food safety? In: *FAO* [online]. Rome. [Cited 1 June 2020]. http://www.fao.org/3/ca7770en/ca7770en.pdf.

FAO. 2019b. Global Community Meeting of the FAO GM Foods Platform – Towards effective risk-based food safety assessment and regulatory management. In: *FAO* [online]. Rome. [Cited 12 June 2020]. http://www.fao.org/3/ca8945en/CA8945EN.pdf.

FAO. 2019c. *Creating a Food Safety Culture in Bhutan* [video]. [Cited 12 June 2020]. https://www.youtube.com/watch?v=E88Mnh0MVxE.

FAO. 2019d. Digital transformation of the food system. In: *FAO* [online]. Rome. [Cited 5 October 2020]. http://www.fao.org/3/CA2965EN/ca2965en.pdf.

FAO. 2019e. Science, innovation and digital transformation at the service of food safety. In: *FAO* [online]. Rome. [Cited 12 June 2020]. http://www.fao.org/3/CA2790EN/ca2790en.pdf.

FAO. 2019f. Sharing responsibility for consumer empowerment. In: *FAO* [online]. Rome. [Cited 5 October 2020]. http://www.fao.org/3/CA3542EN/ca3542en.pdf.

FAO. 2019g. Technical guidance principles of risk-based meat inspection and their application. In: *FAO* [online]. Rome. http://www.fao.org/3/ca5465en/CA5465EN.pdf.

FAO. 2019h. The First FAO/WHO/AU International Food Safety Conference – Sharing responsibility for consumer empowerment. In: *FAO* [online]. Rome. [Cited 12 June 2020]. http://www.fao.org/3/CA3542EN/ca3542en.pdf.

FAO. 2019i. The First FAO/WHO/AU International Food Safety Conference Addis Ababa, Digital transformation of the food system. In: *FAO* [online]. Rome. [Cited 12 June 2020]. http://www.fao.org/3/CA2965EN/ca2965en.pdf.

FAO. 2019j. The status of application, capacities and the enabling environment for agricultural biotechnologies in the Asia-Pacific region In: *FAO* [online]. Rome. [Cited 29 June 2020]. http://www.fao.org/3/ca4438en/ca4438en.pdf.

FAO. 2020a. Antimicrobial resistance. In: *FAO* [online]. Rome. [Cited 16 July 2020]. http://www.fao.org/antimicrobial-resistance/en.

FAO. 2020b. Antimicrobial resistance: Background. FAO's role. In: *FAO* [online]. Rome. [Cited 16 July 2020]. http://www.fao.org/ antimicrobialresistance/ background/fao-role/en.

FAO. 2020c. Antimicrobial resistance: Key issues. In: FAO [online]. Rome. [Cited 16 July 2020]. http://www.fao.org/antimicrobial-resistance/keysectors/food-safety/en.

FAO. 2020d. Biotechnology and food safety. In: *FAO food safety and quality, scientific*

61

advice, crosscutting emerging issues. Rome. [Cited 12 June 2020]. http://www.fao.org/food-safety/scientific-advice/crosscutting-and-emerging-issues/biotechnology.

FAO. 2020e. FAO-BAFRA national seminar and workshop on food safety culture and food safety indicators pilot project in Bhutan.Technical summary report. [Cited 12 June 2020]. http://www.fao.org/3/ca7021en/ca7021en.pdf.

FAO. 2020f. Microbiological risks and JEMRA. In: *FAO Food safety and quality* [online]. Rome. [Cited 5 October 2020]. http://www.fao.org/food/food-safety-quality/scientific-advice/jemra/en.

FAO. 2020g. Food safety in the new normal. In: *FAO* [online]. Rome [Cited 5 October 2020]. http://www.fao.org/3/cb0481en/CB0481EN.pdf.

FAO. 2020h. Food for thought on food fraud. Development Law – Issue #1 of 2020. http://www.fao.org/legal/development-law/magazine-1-2020/en.

FAO. 2020i. Food safety and quality. In: *FAO* [online]. Rome. [Cited 18 September 2020]. http://www.fao.org/food-safety/background/en.

FAO. 2020j. Food safety activities. In: *FAO* [online]. Rome. [Cited 29 June 2020]. http://www.fao.org/asiapacific/perspectives/onehealth/food-safety/en.

FAO. 2020k. FAO offices in Asia and the Pacific. In: *FAO* [online]. Rome. [Cited 5 October 2020]. http://www.fao.org/asiapacific/our-offices/en.

FAO. 2020l. Worldwide Offices. In: *FAO* [online]. Rome. [Cited 29 June 2020]. http://www.fao.org/about/who-we-are/worldwide-offices/en.

FAO. 2020m. Stock-taking report: food biotechnology communication materials in the world [online]. Rome. [Cited 28 January 2021]. http://www.fao.org/3/cb1394en/cb1394en.pdf.

FAO. 2020n. Biotechnology. In: *FAO* [online]. Rome. [Cited 5 October 2020]. http://www.fao.org/biotechnology/en.

FAO. 2020o. The status of application, capacities and the enabling environment for agricultural biotechnologies in the Asia-Pacific region. In: *FAO* [online]. Rome. [Cited 5 October 2020]. http://www.fao.org/3/ca4438en/ca4438en.pdf.

FAO. 2020p. Organic agriculture. In: *FAO* [online]. Rome. [Cited 18 September 2020]. http://www.fao.org/organicag/oa-faq/oa-faq1/en.

FAO. 2020q. Organic agriculture publications. In: *FAO Organic Agriculture* [online]. Rome. [Cited 18 September 2020]. http://www.fao.org/organicag/oa-publications/search-results/en.

FAO. 2020r. The world of organic agriculture – Statistics and emerging trends 2020. In: *FAO* [online]. Rome. [Cited 18 September 2020]. http://www.fao.org/agroecology/database/detail/en/c/1262695.

FAO. 2020s. Food safety and quality: Foodborne parasites. In: *FAO* [online]. Rome. [Cited 23 November 2020]. http://www.fao.org/food/food-safety-quality/a-z-index/foodborne-parasites/en.

FAO. 2020t. Be safe from fish liver flukes. In: *FAO* [online]. Rome. [Cited 15 October 2020]. http://www.fao.org/3/ca9100en/CA9100EN.pdf.

FAO. 2020u. Be safe from pork tapeworms. In: *FAO* [online]. Rome.[Cited 15 October 2020]. http://www.fao.org/3/ca9095en/CA9095EN.pdf.

FAO. 2020v. Food for the Cities Initiative. In: *FAO* [online]. Rome. [Cited 11 October 2020. http://www.fao.org/fcit/fcit-home/en.

FAO. 2020w. City Region Food Systems Programme. In: *FAO* [online]. Rome. [Cited 11 October 2020. http://www.fao.org/in-action/food-forcities-programme/en.

FAO. 2020x. City Region Food Systems Programme – tools examples. In: *FAO* [online]. Rome. [Cited 11 October 2020. http://www.fao.org/3/i9255en/I9255EN.pdf.

FAO. 2020y. Improved rural urban linkages: Building sustainable food systems. [video]. https://www.youtube.com/watch?v=DJgMzxUTx2U.

FAO. 2020z. Applications of whole genome sequencing in food safety management. In: *FAO* [online]. Rome. [Cited 5 October 2020]. http://www.fao.org/3/a-i5619e.pdf.

FAO. 2020aa. Food safety and quality: Whole genome sequencing (WGS) and food safety. In: *FAO* [online]. Rome. [Cited 5 October 2020]. http://www.fao.org/food-safety/scientific-advice/crosscutting-andemerging-issues/wgs/en.

FAO. 2020bb. Food safety and quality: Scientific advice. In: *FAO* [online]. [Cited 13 October 2020]. http://www.fao.org/food-safety/scientificadvice/en.

FAO. 2021. Whole Genome Sequencing (WGS) and food safety. In: FAO [online]. Rome. [Cited 28 January 2021]. http://www.fao.org/food/foodsafety-quality/a-z-index/wgs/en.

FAO & ITU. 2019. E-agriculture in action: Blockchain for agriculture. Opportunities and challenges. Bangkok. 72 pp. (Also available at http://www.fao.org/3/CA2906EN/ca2906en.pdf).

FAO, OIE & WHO. 2020a. Foodborne parasitic infections: Trichinellosis. In: *FAO* [online]. Rome. [Cited 15 October 2020]. http://www.fao.org/3/cb1206en/cb1206en.pdf.

FAO, OIE & WHO. 2020b. Foodborne parasitic infections: Taeniasis and cysticercosis. In: *FAO* [online]. Rome. [Cited 15 October 2020]. http://www.fao.org/3/cb1129en/cb1129en.pdf.

FAO, OIE & WHO. 2020c. Foodborne parasitic infections: Fascioliasis (liver fluke). In: *FAO* [online]. Rome. [Cited 15 October 2020]. http://www.fao.org/3/cb1127en/cb1127en.pdf.

FAO, OIE & WHO. 2020d. Foodborne parasitic infections: Cystic and alveolar echinococcosis. In: *FAO* [online]. Rome. [Cited 15 October 2020]. http://www.fao.org/3/cb1128en/cb1128en.pdf.

FAO, OIE & WHO. 2020e. Foodborne parasitic infections – Clorochiasis and opisthorchiasis. In: *FAO* [online]. Rome. [Cited 15 October 2020]. http://www.fao.org/3/cb1208en/cb1208en.pdf.

FAO, OIE & WHO. 2010f. Influenza and other emerging zoonotic diseases at the human-animal interface: FAO/OIE/WHO Joint Scientific Consultation 27–29 April 2010, Verona (Italy). [online] [Cited 13 October 2020]. http://www.fao.org/3/i1963e/i1963e00.pdf.

FAO, OIE & WHO. 2010g. The FAO-OIE-WHO Collaboration Sharing responsibilities and coordinating global activities to address health risks at the animal-human-ecosystems interfaces –A Tripartite Concept Note [online]. [Cited 23 November 2020]. https://www.who.int/foodsafety/zoonoses/final_concept_note_Hanoi.pdf.

FAO & WHO. 1999. Organically produced foods. In: *FAO* [online]. Rome. [Cited 18 September 2020]. http://www.fao.org/3/a1385e/a1385e00.pdf.

FAO & WHO. 2001a. Evaluation of allergenicity of genetically modified   foods. Report of a Joint FAO/WHO Expert Consultation on Allergenicity of Foods Derived from Biotechnology 22–25 January 2001. In: *FAO* [online]. Rome. [Cited 15 June 2020]. http://www.fao.org/3/y0820e/y0820e00.htm#Contents.

FAO & WHO. 2001b. Codex Alimentarius Food Hygiene Basic Texts, Second Edition. In: *FAO* [online]. Rome. [Cited 5 October 2020]. http://www.fao.org/3/y1579e/y1579e00.htm#Contents.

FAO & WHO. 2007. FAO biosecurity toolkit. Rome, FAO. 140 pp. (Also available at http://www.fao.org/docrep/pdf/010/a1140e/a1140e.pdf).

FAO & WHO. 2008. Viruses in food: Scientific advice to support risk management activities meeting report. Microbiological risk assessment series. In: *FAO* [online]. [Cited 13 October 2020]. http://www.fao.org/3/a-i0451e.pdf.

FAO & WHO. 2010a. Application of nanotechnologies in the food and agriculture sectors: Potential food safety implications. In: *FAO* [online].Rome. [Cited 8 November 2020]. http://www.fao.org/3/i1434e/i1434e00.pdf.

FAO & WHO. 2010b. FAO/WHO Framework for Developing National Food Safety Emergency Response Plans. Rome. 24 pp. (Also available at http://www.fao.org/3/i1686e/i1686e00.pdf).

FAO & WHO. 2011. FAO/WHO guide for application of risk analysis during food safety emergencies. Rome. 52pp. Also available at http://www.fao.org/3/ba0092e/ba0092e00.pdf.

FAO & WHO. 2012. FAO/WHO guide for developing and improving national food recall systems. Rome. 68 pp. (Also available at http://www.fao.org/3/i3006e/i3006e.pdf).

FAO & WHO. 2013a. State of the art on the initiatives and activities relevant to risk assessment and risk management of nanotechnologies in the food and agriculture sectors. In: *FAO* [online]. Rome. [Cited 9 October 2020]. http://www.fao.org/3/i3281e/i3281e.pdf.

FAO & WHO. 2013b. Risk-based examples for control of *Trichinella* spp. and *Taenia saginata* in meat. In: *FAO Food Safety and Quality.* [online]. Rome. [Cited 18 September 2020]. http://www.fao.org/fileadmin/user_upload/agns/pdf/Foodborne_parasites/Risk-based_Control_Trich_and_Taenia_17June_Eng.pdf.

FAO & WHO. 2014. Multicriteria-based ranking for risk management of food- borne parasites. Report of a joint FAO/WHO Expert Meeting, 3–7 September 2012, FAO Headquarters, Rome, Italy. Microbiologicalassessments series. [online]. Rome. [Cited 18 September 2020]. http://www.fao.org/3/a-i3649e.pdf.

FAO & WHO. 2017. Codex Committee on Food Import and Export Inspection and Certification Systems. Twenty-third Session. Discussion Paper on "Food Integrity and Food Authenticity". Prepared by Iran with assistance from Canada and the Netherlands. CX/FICS17/23/5. http://www.fao.org/fao-who-codexalimentarius/sh-proxy/en/?lnk=1&url=https%253A%252F%252Fworkspace.fao.org%252Fsites%252Fcodex%252FMeetings%252FCX-733-23%252FWD%252Ffc23_05e.pdf.

FAO & WHO. 2018. Committee on Food Import and Export Inspection and Certification Systems. Twenty-Fourth Session. Discussion Paper on "Food Integrity and Food Authenticity", CX/FICS18/24/7. http://www.fao.org/fao-who-codexalimentarius/sh-proxy/en/?lnk=1&url=https%253A%252F%252Fworkspace.fao.org%252Fsites%252Fcodex%252FMeetings%252FCX-733-24%252FWorking%2BDocuments%252Ffc24_07e.pdf.

FAO & WHO. 2020a. Codex Alimentarius standards and related texts. In: Codex Alimentarius International food standards [online]. Rome. [Cited 7 July 2020]. http://www.fao.org/fao-who-codexalimentarius/codex-texts/en.

FAO & WHO. 2020b. Codex Alimentarius: Introduction to key areas of work in Codex. In: *FAO* [online]. Rome. [Cited 11 October 2020]. http://www.fao.org/fao-who-codexalimentarius/thematic-areas/en.

FAO & WHO. 2020c. Codex Alimentarius: The CCASIA Region – Regional Coordinator India. In: *FAO* [online]. [Cited 11 October 2020]. http://www.fao.org/fao-who-codexalimentarius/committees/codexregions/ccasia/about/en.

FAO & WHO. 2020d. Codex Alimentarius: The CCNASWP Region – Regional Coordinator Vanuatu. In: *FAO* [online]. [Cited 11 October 2020]. http://www.fao.org/fao-who-codexalimentarius/committees/codexregions/ccnaswp/about/en.

FAO & WHO. 2020e. Animal feed. In: FAO [online]. Rome. [Cited 9 October 2020]. http://www.fao.org/fao-whocodexalimentarius/thematic-areas/animal-feed/en.

4.2 其他参考文献

Agence France Presse (AFP). 2021. AFP Fact Check. In: *AFP* [online].https://factcheck.afp.com/fact-checking-search-results?keywords=food.

Asian Development Bank (ADB). 2020. What Asia can do to protect against animal-borne diseases. In: *Asian Development Bank* [online]. Manila. [Cited 13 October 2020]. https://development.asia/explainer/ what-asia-can-do-protect-against-animal-borne-diseases.

Bacon, F. and In Fowler, T. 1889. *Novum organum.* Oxford: Clarendon Press.

Barras, V. and Greub, G. 2014. History of biological warfare and bioterrorism. *Clinical Microbiology and Infection,* 20(6): 497-502. (Also available at https://doi.org/10.1111/1469-0691.12706).

BBC. 2018. A brief history of fake news. In: *BBC* [online]. London. [Cited 8 November 2020]. https://www.bbc.com/news/av/stories-42752668.

BBC. 2010. China dairy products found tainted with melamine. In: *BBC* [online]. London. [Cited 5 October 2020]. https://www.bbc.com/news/10565838#:~:text=Chinese%20food%20safety%20officials%20have,the%20toxic%20industrial%20chemical%20melamine.&text=Test%20samples%20showed%20the%20milk,babies%20and%20made%20300%2C000%20ill.

Beijing Evening News. 2019. Internet celebrity food is more popular and safer（网红食品——要红更要安全）. In: Fashion [online]. Beijing. [Cited 11 October 2020]. http://fashion.ce.cn/news/ 201907/04/t20190704_32524058.shtml.

Bonnemaison, J. 1986. *The tree and the canoe: History and ethnogeography of Tanna.* Honolulu, University of Hawaii Press.

CAFIA. 2015. Adulteration of food: current problem? [online]. Brno. [Cited 5 February 2021]. https://ec.europa.eu/food/sites/food/files/safety/docs/official-controls-food-fraud_brochure_2015.pdf.

Carmody, R.N., Bisanz, J.E., Bowen, B.P. *et al.* 2019. Cooking shapes the structure and function of the gut microbiome. *Nature Microbiology,* 4: 2052–2063. (Also available at https://doi.org/10.1038/s41564-019-0569-4).

Centers for Disease Control and Prevention (CDC). 2015. Diarrhea: Common illness, global killer. In: *Centers for Disease Control and Prevention* [online]. Atlanta. [Cited 29 June 2020]. https://www.cdc.gov/healthywater/pdf/global/programs/Globaldiarrhea_

ASIA_508c.pdf.

中国小康网 (**China Well-Off Network**). **2019.** Attention: How is internet celebrity food "red" and safe? In: *Baijiahao* [online]. [Cited 11 October 2020]. https://baijiahao.baidu.com/s?id=1623611530844797344&wfr=spider&for=p.

Chryssohoidis, G.M. & Krystallis, A. 2005. Organic consumers' personal values research: Testing and validating the list of values (LOV) scale and implementing a value-based segmentation task. *Food Quality and Preference,* 16: 585–599.

Collignon, P., Beggs, J.J., Walsh, T.R., Gandra S. & Laxminarayan, R. 2018. Anthropological and socioeconomic factors contributing to global antimicrobial resistance: A univariate and multivariable analysis. Lancet Planet Health, 2(9):e398-e405. (Also available at https://doi:10.1016/S2542-5196(18)30186-4).

Dadonaite, B. & Ritchie, H. 2018. Diarrheal diseases. In: *Our World in Data* [online]. Oxford. [Cited 29 June 2020]. https://ourworldindata.org/diarrheal-diseases#citation.

Dreezens, E. & Martijn, C. 2005. Food and values: An examination of values underlying attitudes toward genetically modified- and organically grown food products. *Appetite,* 44: 115–122.

The Economist Intelligence Unit. 2013. A healthy future for all? Improving food quality for Asia. In: *The Economist Intelligence Unit.* [online]. London. [Cited 11 October 2020]. https://business.nab.com.au/wp-content/uploads/2013/10/improving-food-quality-for-asia.pdf.

European Food Safety Authority (EFSA). 2011. Update on the present knowledge on the occurrence and control of foodborne viruses. *EFSA Journal* 9(7):2190.

European Commission. 2020. Quality schemes explained. In: *European Commission* [online]. Brussels. [Cited 11 October 2020]. https://ec.europa.eu/info/food-farming-fisheries/food-safety-and-quality/certification/quality-labels/quality-schemes-explained_en#geographicalindications.

Food Industry Asia. 2018. Food e-commerce across Asia. In: *Food Industry Asia* [online]. Singapore. [Cited 28 May 2020]. https://foodindustry.asia/documentdownload.axd?documentresourceid=30715.

Founou, L.L., Founou, R.C. & Essack, S.Y. 2016. Antibiotic resistance in the food chain: A developing country perspective. *Frontiers in Microbiology,* 7: 1–19. (Also available at https://doi:10.3389/fmicb.2016.01881).4-H. 2020. 4-H. [online]. [Cited 13 October 2020]. https://4-h.org.

Friedrichs, S. Takasu, Y., Kearns, P. Dagallier, B. Oshima, R., Schofield, J. & Moreddu, C. 2019. An overview of regulatory approaches to genome editing in agriculture.

Biotechnology Research and Innovation, 3(2): 208–220.

Gaj, T., Sirk, S.J, Shui, S. & Liu, J. 2016. Genome-editing technologies: Principles and applications. *Cold Spring Harbor Perspectives in Biology,* 8(12): a023754.

Global Burden of Diseases Collaborators (GBD). 2016. Diarrhoeal disease collaborators. Estimates of the global, regional, and national morbidity, mortality, and aetiologies of diarrhoea in 195 countries: A systematic analysis for the Global Burden of Disease Study 2016. *Lancet Infectious Disease,* 18(11): 1211–1228. (Also available at https://doi:10.1016/S1473-3099(18) 30362-1).

Gelpi, E., De la Paz, M., Terracini, B., Abaitua, I., Gomex de la Camara. A., Kilbourne, E.M., Lahoz, C. Nemery, B., Philen, R.M., Soldevilla, L. & Tarowsky, S. 2002. The Spanish toxic oil syndrome 20 years after its onset: A multidisciplinary review of scientific knowledge. *Environmental Health Perspectives,* 110(5): 457–464. (Also available at https://doi:10.1289/ehp.110-1240833).

Hadley, C. 2006. Food allergies on the rise? Determining the prevalence of food allergies, and how quickly it is increasing, is the first step in tackling the problem. *EMBO Reports Science and Society,* 7(11):1080–1083.

International Labour Organization. 2020a. More than 68 per cent of the employed population in Asia-Pacific are in the informal economy. In: *ILO* [online]. Geneva. [Cited 10 October 2020]. https://www.ilo.org/asia/media-centre/news/WCMS_627585/lang--en/index.htm.

International Labour Organization. 2020b. ILO global report sheds light on the youth employment challenge in Asia-Pacific. In: *ILO* [online]. Geneva. [Cited 13 October 2020]. https://www.ilo.org/asia/media-centre/news/WCMS_737997/lang--en/index.htm.

International Service for the Acquisition of Agri-biotech Applications (ISAAA). 2017. Brief 53: Global status of commercialized biotech/gm crops. In: *ISAAA* [online]. Ithaca, New York. [Cited 1 June 2020]. http://www.isaaa.org/resources/publications/briefs/53.

Food Systems Dashboard. 2020. *Food Systems Dashboard* [online]. Baltimore, MD.[Cited 9 October 2020]. https://foodsystemsdashboard.org.

Koopmans, M. & Duizer, E. 2004. Foodborne viruses: An emerging problem. *International Jounal of Food Microbiology,* 90(1): 23–41. (Also available at https://doi:10.1016/S0168-1605(03)00169-7).

Lee, C.O., Steinkraus, K. & Reilly, P.J.A. 1993. *Fish Fermentation Technology.* New York, United Nations University Press.

Lee, J., Thalayasingam, M. & Wah Lee, B. 2013. Food allergy in Asia: How does it compare? *Asia Pacific Allergy.* 3(1):3–14.

Market Data Forecast. 2019. Asia Pacific genome editing market research report – segmented by application, by technology, by end user and by country (India, China, Japan, South Korea, Australia, New Zealand, Thailand, Malaysia, Vietnam, Philippines, Indonesia, Singapore and the rest of APAC) – Industry analysis, size, share, growth, trends, and forecasts (2019–2024). In: Market Data Forecast. [Cited 29 June 2020]. https://www.marketdataforecast.com/market-reports/apac-genome-editing-market.

Mascarello, G., Pinto, A., Parise, N., Crovato, S. & Ravarotto, L. 2015. The perception of food quality. Profiling Italian consumers. *Appetite,* 89:175–182. (Also available at https://doi:10.1016/j.appet.2015.02.014).

McKinsey Center for Government. 2014. Unleashing youth in Asia. Solving for the "Triple-E" challenge of youth: Education, Employment and Engagement. [online]. [Cited 13 October 2020]. https://www.mckinsey.com/~/media/mckinsey/dotcom/client_service/public%20sector/pdfs/unleashing_youth_in_asia.ashx.

Nayak, R. & Waterson, P. 2017. The assessment of food safety culture: An investigation of current challenges, barriers and future opportunities within the food industry. *Food Control*, 73B: 1114–1123.

O'Neill, J. 2014. Antimicrobial resistance: Tackling a crisis for the health and wealth of nations. *Review of Antimicrobial Resistance* [online]. [Cited 16 July 2020]. https://amr-review.org/sites/default/files/AMR%20Review%20Paper%20-%20Tackling%20a%20crisis%20for%20the%20health%20and%20wealth%20of%20nations_1.pdf.

Petersen, T.N., Rasmussen, S., Hasman, H., Carøe, C., Bælum, J., Schultz A.C., Bergmark, L., Svendsen, C.A., Sicheritz-Ponten, T., Aerestrup, F.M. 2015. Meta-genomic analysis of toilet waste from long distance flights; a step towards global surveillance of infectious diseases and antimicrobial resistance. Nature Scientific Reports 5, 11444. https://doi.org/10.1038/srep11444.

Petrescu, D.C., Vermeir, I. & Petrescu-Mag, R.M. 2019. Consumer understanding of food quality, healthiness, and environmental impact: A cross-national perspective. *International Journal of Environmental Research and Public Health,* 17:169 [online]. [Cited 12 November 2020]. https://doi:10.3390/ijerph17010169.

Redman, M., King, A., Watson, C. & King, D. 2016. What is CRISPR/Cas9? *Archives of Diseases in Childhood – Education and Practice,* 101(4): 213–215.

Savov A.V & G.B. Kouzmanov. 2009. Food quality and safety standards at a glance. *Biotechnology and Biotechnological Equipment,* 23:4:1462–1468. (Also available at https://doi:10.2478/V10133-009-0012-8).

Shafie F.A. & Rennie, D. 2012. Consumer perceptions towards organic food. *Procedia – Social and Behavioral Sciences,* 49: 360–367.

Shek L.P.C. & Lee, B.W. 2006. Food allergy in Asia. *Current Opinion in Allergy and Clinical Immunology,* 6(3):197–201. (Also available at http://doi:10.1097/01.all.0000225160.52650.17).

Sichao, L. & Xifu, W. 2016. Toward an intelligent solution for perishable food cold chain management. *7th IEEE International Conference on Software Engineering and Service Science (ICSESS).* Beijing. pp. 852–856. DOI: 10.1109/ICSESS.2016.7883200.

Soll, J. 2016. The long and brutal history of fake news. *Politico,* 16 December 2018. (Also available at https://www.politico.com/magazine/ story/2016/12/fake-news-history-long-violent-214535).

Statista. 2020a. Global adoption rate for major biotech crops worldwide 2018, by type. In: *Statista* [online]. New York. [Cited 1 June 2020]. https://www.statista.com/statistics/262288/global-adoption-rate-major-biotech-crops-worldwide.

Statista. 2020b. Online food delivery Asia. In: *Statista* [online]. New York. [Cited 28 May 2020]. https://www.statista.com/outlook/374/101/online-food-delivery/asia#market-globalRevenue.

Statista. 2020c. Amount consumers are willing to pay extra for zero food fraud certified products in Canada as of October 2016. In: *Statista* [online]. New York. [Cited 17 September 2020]. https://www.statista.com/statistics/713665/consumer-willing-to-pay-for-zero-food-fraud-certification-label-canada.

Statista. 2020d. Orange juice production volume worldwide from 2014/2015 to 2019/2020 (in million metric tons). In: *Statista* [online]. New York. [Cited 5 October 2020]. https://www.statista.com/statistics/1044906/world-orange-juice-production.

Statista. 2020e. Juices Asia. In: *Statista* [online]. New York. [Cited 30 May 2020]. https://www.statista.com/outlook/20030000/101/juices/asia.

Statista. 2020f. Market value of the street food stalls Thailand 2015–2019. In: *Statista* [online]. [Cited 9 October 2020]. https://www.statista.com/statistics/1133616/thailand-street-food-market-value.

Statista. 2020g. Worldwide sales of organic food from 1999 to 2018. In: Statista [online]. New York. [Cited 15 July 2020]. https://www.statista.com/statistics/273090/worldwide-sales-of-organic-foods-since-1999.

Statista. 2020h. Level of risk regarding food fraud perceived by consumers in Canada as of October 2016. In: *Statista* [online]. New York. [Cited 17 September 2020]. https://www.statista.com/statistics/713717/consumer-risk-perception-regarding-food-fraud-canada.

Taylor, S.L. 2017. Food allergies – An increasing public health concern [online]. [Cited 23 November 2020]. http://www.fao.org/fao-who-codexalimentarius/sh-

proxy/en/?lnk=1&url=https%253A%252F%252Fworkspace.fao.org%252Fsites%2
52Fcodex%252FMeetings%252FCX-712-49%252FPresentations%252FTa
ylorCCFHChicago2017.pdf.

Technavio. 2019. Global food nanotechnology market 2019–2023. In: Technavio. SKU: IRTNTR30663.

Torgerson, P.R., Devleesschauwer, B., Praet, N., Speybroeck, N., Willingham, A.L., Kasuga, F., Rokni, M.B., Zhou, X.Z., Fèvre, E.M., Sripa, B., Gargouri, N., Fürst, T., Budke, C.M., Carabin, H., Kirk, M.D., Angulo, F.J., Havelaar, A. & Nilanthi de Silva, N. 2015. World Health Organization estimates of the global and regional disease burden of 11 foodborne parasitic diseases, 2010: A data synthesis. PLoS Med. 12(12): e1001920 [online]. [Cited 12 November 2020]. doi:10.1371/journal.pmed.1001920.

Havelaar, A. & Nilanthi de Silva, N. 2015. World Health Organization estimates of the global and regional disease burden of 11 foodborne parasitic diseases, 2010: A data synthesis. PLoS Med. 12(12): e1001920 [online]. [Cited 12 November 2020]. doi:10.1371/journal.pmed.1001920.

United Nations Department of Economic and Social Affairs (UNESCAP). 2015. Population facts. [online]. [Cited 13 October 2020]. https://www.un.org/esa/socdev/documents/youth/fact-sheets/ YouthPOP.pdf.

United Nations Educational, Scientific and Cultural Organization (UNESCO). 2018. Journalism, 'fake news' and disinformation: Handbook for journalism education and training [online]. [Cited 8 November 2020]. https://en.unesco.org/sites/default/files/journalism_fake_news_disinformation_print_friendly_0.pdf.

United Nations Children's Fund (UNICEF). 2020. *UNICEF data warehouse. In: UNICEF Data: Monitoring the situation of children and women.* [Cited 29 June 2020]. https://data.unicef.org/resources/data_explorer/unicef_f/?ag=UNICEF&df=GLOBAL_DATAFLOW&ver=1.0&dq=.MNCH_ORTCF+MNCH_ORS+MNCH_ORSZINC+MNCH_ZINC+MNCH_DIARCARE..&startPeriod=2015&endPeriod=2020.

United States Food and Drug Administration (USFDA). 2020. What you need to know about foodborne illnesses. In: *FDA* [online]. [Cited 5 October 2020]. https://www.fda.gov.

Van Boeckel, T.P., Pires, J., Silvester, R., Zhao, C., Song, J., Criscuolo, N.G, Gilbert, M., Bonhoeffer, S. & Laxminarayan, R. 2019. Global trends in antimicrobial resistance in animals in low- and middle-income countries. *Science,* 365:1266.

Van Boeckel T.P., Brower C., Gilbert M., Grenfell B.T., Levin S.A. & Robinson T.P. 2015. Global trends in antimicrobial use in food animals. *Proceedings of the National Academy of Sciences USA,* 112(18):5649–5654. (Also available at https://doi:10.1073/pnas.1503141112).

71

Vel ovská, S. & Del Chiappa, G. 2015. The food quality labels: awareness and willingness to pay in the context of the Czech Republic. *Acta universitatis agriculturae et silviculturae mendelianae brunensis,* 63(2): 647–658.

World Bank. 2018. Food products imports by country in US$ thousand 2018. In: *World Integrated Trade Solution* [online]. Washington, DC. [Cited 13 October 2020]. https://wits. worldbank.org/Default.aspx?lang=en.

World Bank. 2017. Food imports (percent of merchandise imports): China, United States, India, Argentina – In: World Bank [online]. Washington, DC. [Cited 13 October 2020]. https://data.worldbank.org/indicator/TM.VAL.FOOD.ZS.UN?contextual=default&end=201 7&locations=CN-US-IN-AR&start=2002.

World Health Organization (WHO). 2020. Diarrhoeal disease. In: *World Health Organization* [online]. Geneva. [Cited 29 June 2020]. https://www.who.int/news-room/fact-sheets/detail/diarrhoeal-disease.

World Health Organization (WHO). 2006. Five keys to safer food manual [online]. Geneva. https://apps.who.int/iris/rest/bitstreams/51699/retrieve.

Yam, E., Hsu, L., Yap, E. et al. 2019. Antimicrobial resistance in the *Asia Pacific region: A meeting report. Antimicrobial Resistance and Infection Control* 8: 202 [online]. https://doi. org/10.1186/s13756-019-0654-8.

Zhang, Y., Pribil, M., Palmgren, M. & Gao, C. 2020. A CRISPR way for accelerating improvement of food crops. *Nature Food,* 1:200–205.

Zhong, S. Crang, M. & Zeng, G. 2019. Constructing freshness: The vitality of wet markets in urban China. *Agriculture and Human Values,* 37:175–185.

图书在版编目（CIP）数据

亚太地区食品安全简易指南：食品安全工具包入门读物 / 联合国粮食及农业组织编著；徐璐铭等译. —北京：中国农业出版社，2023.12
（FAO中文出版计划项目丛书）
ISBN 978-7-109-31203-6

Ⅰ.①亚…　Ⅱ.①联…　②徐…　Ⅲ.①亚太地区—食品安全—指南　Ⅳ.①TS201.6-62

中国国家版本馆CIP数据核字（2023）第191118号

著作权合同登记号：图字01-2023-5666号

亚太地区食品安全简易指南——食品安全工具包入门读物
YATAI DIQU SHIPIN ANQUAN JIANYI ZHINAN——
SHIPIN ANQUAN GONGJUBAO RUMEN DUWU

中国农业出版社出版
地址：北京市朝阳区麦子店街18号楼
邮编：100125
责任编辑：郑　君　　文字编辑：张潇逸
版式设计：王　晨　　责任校对：吴丽婷
印刷：北京通州皇家印刷厂
版次：2023年12月第1版
印次：2023年12月北京第1次印刷
发行：新华书店北京发行所
开本：700mm×1000mm　1/16
印张：5.25
字数：100千字
定价：58.00元